乡村振兴

2021 年全国
高等院校大学生
乡 村 规 划
方 案 竞 赛
优 秀 成 果 集

中 国 城 市 规 划 学 会 学 术 成 果

乡村
振兴

——2021年全国高等院校大学生
乡村规划方案竞赛优秀成果集

中国城市规划学会乡村规划与建设学术委员会
长安大学建筑学院
北京建筑大学建筑与城市规划学院　主编
南京大学建筑与城市规划学院

中国建筑工业出版社

前言

全国高等院校大学生乡村规划方案竞赛，自 2017 年首次开展以来，今年是第五届，开展这项活动的目的，是为了促进广大师生走出校园，积极参与乡村社会实践，在全国范围内加快推动乡村规划实践教学，通过搭建高校教学经验交流平台，提高城乡规划专业面向社会需求的人才培养能力。

本届活动维持了上一届的竞赛内容，在保留乡村规划方案竞赛单元和乡村设计方案竞赛单元的基础上，将乡村调研及策划报告竞赛单元调整为乡村调研报告竞赛单元，一方面是为了加强实践教学的导向，引导学生更加注重对乡村问题的深入调查，以及对现阶段乡村人居环境改善实际问题的关注。另一方面，积极吸纳建筑学、社会学、人类学、环境学等相关专业学生共同参与，推动在乡村规划实践教学环节的多学科交叉融合。

今年虽然受到疫情管控等因素影响，但各校师生参与竞赛活动的踊跃程度超出了想象，三个竞赛单元共收到 438 份作品，参与高校达到 120 所，涉及 134 个学院，共有 2335 名学生及 1032 人次教师参与，已成为一项城乡规划专业具有全国影响力的教学交流活动之一。

本届活动首次与高校城乡规划帮扶联盟合作，并根据地域分布设置三处指定基地，分别为陕西省西安市周至县集贤镇（长安大学建筑学院承办）、北京市密云区太师屯镇令公村（北京建筑大学建筑与城市规划学院承办）、江苏省常州市溧阳市戴埠镇（南京大学建筑与城市规划学院承办）。然而根据活动计划，正式开展集中调研活动前夕，再次受到全国多地突发疫情的挑战，活动组委会经过审慎考虑，最终取消指定基地的全部活动，本届活动的参与方式全部改为自选基地，且自选基地由各参赛团队自行决定。最终，组委会克服评审方式变动等困难，三个单元共评选出 116 项获奖作品。

相比以往，今年的参赛作品质量有了更进一步的全面提升，体现出覆盖面更广、关注点更丰富、研究更深入等特点，学生更加注重对乡村的深入调研，从更宽阔的视野思考乡村发展问题。乡村调研报告和乡村设计方案两个竞赛单元，经过三年探索，拓展并丰富了乡村规划实践教学的内涵。在评审环节，专家们普遍反映工作难度逐年加大，不仅是参赛作品增加，更由于作品质量有了整体提高，评选难度相比往年增加很多。

从连续举办五届竞赛活动的经验来看，加强对乡村规划实践教学经验总结交流和引导越来越受到大家的重视。在陕西西安召开的2021年度中国城市规划学会乡村规划与建设学术委员会年会上，特别邀请专家对五年来的经验进行了总结和点评。今后在竞赛活动举办过程中，将增加专门的教学经验交流和辅导环节。

为了进一步扩大此项活动对乡村规划实践教学的带动，增强参赛成果和教学经验交流，将获奖作品编辑出版。在此特别感谢所有参与高校、广大师生，感谢各基地承办高校和地方政府，感谢所有评审专家对活动的支持和付出，感谢中国建筑工业出版社对出版工作给予的支持与帮助。也希望本次竞赛成果的出版不断为推进乡村规划建设专业人才培养做出有益的贡献。

中国城市规划学会乡村规划与建设学术委员会　主任委员
同济大学建筑与城市规划学院　教授、副院长　　　　　　　　　　　　　　张尚武
上海同济城市规划设计研究院有限公司　院长

目录

第四部分

247 乡村设计方案竞赛单元 ——————————————

第五部分 ——————————————

279 基地简介

后记
290

第 一 部 分
竞赛组织情况

乡村
振兴

2021年全国高等院校大学生乡村规划方案竞赛
任务书

　　为响应国家乡村振兴战略，积极推动乡村规划教育与实践的紧密结合，中国城市规划学会乡村规划与建设学术委员会将在往年大学生活动的基础上，举办"2021年（第五届）高等院校大学生乡村规划实践及学术交流活动"，现就有关事项发布通知如下。

一、竞赛目的

　　1. 持续推进全国高等院校在乡村规划建设领域的教育及科研交流活动，推动学科建设，响应国家乡村振兴战略导向。

　　2. 积极吸引城乡规划专业及相关专业大学生关注乡村振兴事业，提升学习和研究热情，推动乡村规划人才培养工作。

　　3. 促进高等院校、地方政府、社会组织、企业在推动乡村振兴方面加强合作、群策群力，推动专业教育与社会需求紧密结合。

二、组织方

1. 牵头组织方

主办方：中国城市规划学会乡村规划与建设学术委员会

协办方：高校城乡规划帮扶联盟

2. 各基地组织方

◇ 指定基地1：陕西西安基地（陕西省西安市周至县集贤镇）

承办方：长安大学建筑学院、西安市城市规划设计研究院、西安高新技术产业开发区集贤镇人民政府

协办方：西安建筑科技大学建筑学院、西北大学城市与环境学院、陕西省城乡规划设计研究院、北京清华同衡规划设计研究院西北分院、西安长安大学工程设计研究院有限公司

支持方：西安市自然资源和规划局、陕西省土木建筑学会、西安高新技术产业开发区城

乡规划委员会、西安高新技术产业开发区农业农村和水务局、西安高新技术产业开发区集贤园区

◇ 指定基地 2：北京密云基地（北京市密云区太师屯镇令公村）

承办方：北京建筑大学建筑与城市规划学院、北京市密云区太师屯镇人民政府

协办方：北京市城市规划设计研究院、北京市弘都城市规划建筑设计院、北京建工建筑设计研究院、浙江大学建筑设计研究院、北京市密云区文化和旅游局

支持方：北京市密云区人民政府、北京市规划和自然资源委员会乡村规划处、北京城市规划学会村镇规划学术委员会、北京市规划和自然资源管理委员会密云分局、《小城镇建设》杂志、中国建筑设计研究院城镇规划设计研究院、北京清华同衡规划设计研究院有限公司、中国城市发展规划设计咨询有限公司

◇ 指定基地 3：江苏常州基地（江苏省常州市溧阳市戴埠镇）

承办方：南京大学建筑与城市规划学院、共青团常州市委员会、江苏省溧阳市戴埠镇人民政府

协办方：江苏省规划设计集团有限公司、南京大学城市规划设计研究院有限公司、南京大学空间规划研究中心、江苏东坡文旅发展有限公司

支持方：共青团江苏省委员会、江苏省乡村规划建设研究会、溧阳市人民政府

◇ 自选基地

承办方：长安大学建筑学院、西安市城市规划设计研究院

协办方：西安建筑科技大学建筑学院、西北大学城市与环境学院、陕西省城乡规划设计研究院、北京清华同衡规划设计研究院西北分院、西安长安大学工程设计研究院有限公司

支持方：西安市自然资源和规划局、陕西省土木建筑学会

三、竞赛内容

本届活动包含三类单元，参赛团队可以根据各自情况报名参加其中一类且仅限一类活动单元，在完成规定的现状调研并提交现状调研报告的基础上，根据所参加单元的要求针对性制作并提交有关成果。作品的具体要求请见附件。

1. 乡村规划方案竞赛单元

参赛团队应根据村庄和乡镇实际情况，聚焦促进村庄发展和布局优化的行动措施，编制规划方案。

2. 乡村调研报告竞赛单元

参赛团队应聚焦现实中所面临的关键问题，分析问题并挖掘其成因，在可能的情况下可以提出具有可行性的对策建议。

3. 乡村设计方案竞赛单元

参赛团队应从村宅户厕、村宅厨房和村民活动中心三类中择一，分析现状所面临的主要问题及影响因素，编制设计（改造）方案。

本次活动鼓励相关专业大学生积极参与活动，并鼓励所有参赛团队另行以附件方式提供精彩调研照片及简要介绍。组委会将择优推介参赛团队的影像故事，并根据实际情况另行决策设置乡村影像板块。

四、参赛方式

参赛团队应按照本通知要求完整填写报名表，选择活动基地以及活动单元，并获得所在院校同意并盖章确认。跨学院和跨学校组团参加的团队，应同时获得各院校的同意并盖章确认。

每个参赛团队应严格限制参加的学生人数不超过6人并指定1名联系人，指导教师不超过3人并确定1名联系人。

报名成功的团队，因客观原因可以在9月15日前调整参赛团队成员和指导教师，并根据另行通知提交更新信息。

报名经组委会确认并公布名单后方能获得有效参与资格。

选择指定基地的团队，还需要组委会根据接待能力及报名情况进行确认方为有效。对于确认的指定基地参赛团队，组委会有权根据需要选择部分团队另行给予部分差旅补偿。

五、主要时间节点

2021年6月22日12时，报名截止时间。

2021年6月30日12时，有效参赛团队名单公布时间。

2021年10月11日12时，各参赛团队成果的最终提交截止时间。

2021年12月10日12时，结果公布时间。

六、交流方式

组委会将根据活动单元，分类邀请资深专家匿名评阅，择优颁发纪念证书，此外根据实际情况分别确定入选作品并正式出版，参加中国城市规划学会乡村规划与建设学术委员会年会期间展示交流。

七、承办方联系人及联系方式

◇ 陕西西安基地（陕西省西安市周至县集贤镇）

承办联络：长安大学建筑学院

报名联系人：谭静斌

报名邮箱：×××××××@126.com

◇ 北京密云基地（北京市密云区太师屯镇令公村）

承办联络：北京建筑大学建筑与城市规划学院

报名联系人：张新月

报名邮箱：×××××××@163.com

◇ 江苏常州基地（江苏省常州市溧阳市戴埠镇）

承办联络：南京大学建筑与城市规划学院

报名联系人：吴俊伯

报名邮箱：×××××××@126.com

◇ 自选基地

承办联络：长安大学建筑学院

报名联系人：陈茜

报名邮箱：×××××××@126.com

◇ 总协调单位：中国城市规划学会乡村规划与建设学术委员会秘书处

联系邮箱：×××××××@planning.org.cn（非报名邮箱）

八、特别声明

各参赛团队所提交成果的知识产权将由提供者、主办方和承办方共同拥有，各方有权独立决定是否用于出版或其他宣传活动，以及其他学术活动。其中，指定基地所在地有权参考或直接采用指定基地作品的全部或部分内容，不再另行与提供方协商并征得同意。

此外，本次活动及参赛团队请务必符合有关疫情管理的要求。

附件：2021 年全国高等院校大学生乡村规划方案竞赛成果内容要求

中国城市规划学会乡村规划与建设学术委员会

2021 年 6 月 2 日

附件：2021年全国高等院校大学生乡村规划方案竞赛成果内容要求

◇ 乡村规划方案竞赛单元

本单元重在鼓励各参赛团队对于所选择的研究对象，进行较为深入和理性的调研分析，并在此基础上从统筹发展和创新发展思路的角度，编制规划方案，特别强调对存在问题的挖掘和针对性规划应对，注重乡村规划的基础性内容及行动导向，不要求大而全的规划编制思路。成果内容包括但不限于以下部分：

1. 调研报告

对于规划对象，从区域和本地等多个层面，以及自然、经济、人口、集体组织、社会、生态、建设等多个维度，揭示村庄现状特征，发现村庄发展中的主要问题及可利用的资源，及其可能的开发利用方式，撰写调研报告。（报告格式要求将在报名成功后另行发放）

调研报告原则上控制在 5000~6000 字，宜 A4 竖向版面、图文并茂。报告应为 Word 和 PDF 格式，附图应为 JPG 格式并另行存入文件夹打包提交。（每单张 JPG 不超过 5MB）

2. 规划设计

（1）村域规划

根据地形图或卫星影像图，对于村域现状及发展规划绘制必要图纸，并重点从行政村域或者村组发展和统筹的角度提出有关空间规划方案，至少包括用地、交通等主要图纸。允许根据发展策划创新图文编制的形式及方法。

（2）节点设计

根据空间规划方案，选择重要节点编制设计方案。原则上设计深度应达到 1：（1000~2000），同时提供必要说明。

（3）成果形式

每份成果应按照组委会统一提供的模板文件（报名成功后另行发放），分别提供 4 张不署名成果图版文件和 4 张署名成果图版文件。以上成果文件应为 JPG 格式的电子文件，且每单个文件不超过 20MB。

3. 推介成果

（1）能够展示主要成果内容的PPT演示文件1份，一般不超过30个页面，且文件量不得超过100MB。（PPT格式不做固定要求，但标题名称需与作品名一致）

（2）成果推介和调研花絮一篇。每部分文字原则上不超过2000字，每单张图片不超过10MB，宜图文并茂并提供Word文件和单独打包的JPG格式图片，文件应附团队成员及指导教师的简介文字和照片。以上用于组委会后期宣传。

★鼓励所有参赛团队提供精彩调研花絮照片及简要介绍。组委会将择优推介参赛团队的影像故事，并根据实际情况另行决策设置乡村影像板块。

4. 命名格式

（1）总文件夹：

"报名编号 + 规划方案 + 作品名 + 学校名"

（2）成果图版：

"报名编号 + 作品名 + 不署名成果 + 页码"

"报名编号 + 作品名 + 署名成果 + 页码"

（3）其他：

"报名编号 + 作品名 + 调研报告/展示PPT/成果推介 + 调研花絮"

◇ 乡村调研报告竞赛单元

本单元重在鼓励各参赛团队对于所选择的研究对象，进行较为深入和理性的调研分析，并在此基础上聚焦现实中所面临的关键性问题，分析问题并挖掘问题成因，在可能的情况下可以提出具有可行性的对策建议。成果内容包括但不限于以下部分：

1. 调研报告

对于调研对象，从区域和本地等多个层面，以及自然、经济、人口、集体组织、社会、生态、建设等多个维度，进行较为深入的调研，揭示乡村现状特征，发现乡村发展中的主要问题及可利用的资源，及其可能的开发利用方式，撰写调研报告。（报告格式要求将在报名成功后另行发放）

在此基础上，着重从乡村振兴战略实施的视角，挖掘现实中的关键问题并进行解析，在可能的情况下可以提出较具可行性的对策建议，注重建议的内在逻辑性、问题针对性、现实可行性等。

调研报告原则上控制在 7000~8000 字，宜 A4 竖向版面、图文并茂。报告应为 Word 和 PDF 格式，附图应为 JPG 格式并另行存入文件夹打包提交。（每单张 JPG 不超过 5MB）

2. 推介成果

（1）能够展示主要成果内容的 PPT 演示文件 1 份，一般不超过 30 个页面，且文件量不得超过 100M。（PPT 格式不做固定要求，但标题名称需与作品名一致）

（2）成果推介和调研花絮一篇。每部分文字原则上不超过 2000 字，每单张图片不超过 10MB，宜图文并茂并提供 Word 文件和单独打包的 JPG 格式图片，文件应附团队成员及指导教师的简介文字和照片。以上用于组委会后期宣传。

★ 鼓励所有参赛团队提供精彩调研花絮照片及简要介绍。组委会将择优推介参赛团队的影像故事，并根据实际情况另行决策设置乡村影像板块。

3. 命名格式

（1）总文件夹：

"报名编号 + 调研报告 + 作品名 + 学校名"

（2）报告：

"报名编号 + 作品名 + 调研报告 + 不署名成果"

"报名编号 + 作品名 + 调研报告 + 署名成果"

（3）其他：

"报名编号 + 作品名 + 展示 PPT / 成果推介 + 调研花絮"

◇ 乡村设计方案竞赛单元

本单元重在鼓励各参赛团队根据所选择的基地，从村宅户厕、村宅厨房和村民活动中心三类中择一，分析现状所面临的主要问题及影响因素，从尊重习俗、保护风貌、提升适用、改善使用的角度提出创新性的设计（改造）方案。方案应当具有技术简易适用、建造和维护成本低等特点。成果内容包括但不限于以下部分：

1. 调研报告

对于调研对象，从区域和本地等多个层面，以及自然、经济、人口、集体组织、社会、生态、建设等多个维度，进行较为深入的调研，揭示乡村现状特征，发现村庄发展中的主要问题及可利用的资源，及其可能的开发利用方式，撰写调研报告。（报告格式要求将在报名成功后另行发放）

调研报告原则上控制在 5000~6000 字，宜 A4 竖向版面、图文并茂。报告应为 Word 和 PDF 格式，附图应为 JPG 格式并另行存入文件夹打包提交。（每单张 JPG 不超过 5MB）

2. 设计方案

应从村宅户厕、村宅厨房、村民活动中心三类对象中选择一个，针对现状情况进行调研并提供设计方案，可以是新设计方案，也可以是改造性设计方案，并根据活动要求提供设计说明。

每份成果应按照组委会统一提供的模板文件（报名成功后另行发放），提供 2 张不署名成果图版文件和 2 张署名成果图版文件。以上成果文件应为 JPG 格式的电子文件，且每单个文件不超过 20MB。

3. 推介成果

（1）能够展示主要成果内容的 PPT 演示文件一份，一般不超过 30 个页面，且文件量不得超过 100M。（PPT 格式不做固定要求，但标题名称需与作品名一致）

（2）成果推介和调研花絮一篇。每部分文字原则上不超过 2000 字，每单张图片不超过 10MB，宜图文并茂并提供 Word 文件和单独打包的 JPG 格式图片，文件应附团队成员及指导教师的简介文字和照片。以上用于组委会后期宣传。

★ 鼓励所有参赛团队提供精彩调研花絮照片及简要介绍。组委会将择优推介参赛团队的影像故事，并根据实际情况另行决策设置乡村影像板块。

4. 命名格式

（1）总文件夹：

"报名编号 + 设计方案 + 作品名 + 学校名"

（2）成果图版：

"报名编号 + 作品名 + 不署名成果 + 页码"

"报名编号 + 作品名 + 署名成果 + 页码"

（3）其他：

"报名编号 + 作品名 + 调研报告 / 展示 PPT / 方案推介 + 调研花絮"

2021年全国高等院校大学生乡村规划方案竞赛
4号通知

因近期各地疫情管控原因，经与基地承办方协商，"2021年全高等院校大学生乡村规划方案竞赛"指定基地的活动全部取消，且不提供任何涉及指定基地的协助调研服务。原成功报名指定基地的团队，报名参与活动的资格继续有效，且原报名编号不变，但参与方式改为自选基地，且自选基地由各团队自行决定。

非常感谢大家的支持和理解！

中国城市规划学会乡村规划与建设学术委员会

2021年8月4日

2021年全国高等院校大学生乡村规划方案竞赛
乡村规划方案竞赛单元决赛入围名单

序号	报名编号	作品名称	院校名称
1	JP015	引"潮"力	苏州科技大学建筑与城市规划学院
2	JP017	多维韧性溯蠡梨乡	重庆大学建筑城规学院
3	JP025	边堡月异，觅得一隅	北京建筑大学建筑与城市规划学院
4	JP030	京畿民堡·城蕴古村	北京建筑大学建筑与城市规划学院
5	JP031	朝暮四时景　徐行田堡间	哈尔滨工业大学建筑学院
6	JP033	守正开新·存古续脉	北京建筑大学建筑与城市规划学院
7	JP034	隐于乡里　不如归去	哈尔滨工业大学建筑学院
8	QP008	行郢不离	安徽建筑大学建筑与规划学院
9	QP015	穿行茶马，入乡游记	四川农业大学建筑与城乡规划学院
10	QP016	创意兴古寨，活力归田园	贵州大学建筑与城市规划学院
11	QP021	山青水曲，形散神聚	长安大学建筑学院
12	QP023	观岭入洞天，叙景归桃源	长安大学建筑学院
13	QP024	寻绿野·嬉游醉眠	长安大学建筑学院
14	QP028	道韵·麓北·话乡居	长安大学建筑学院
15	QP078	镶红拥绿·"共富"坦歧	重庆大学建筑城规学院
16	QP079	瞻彼美田　米兴土家	重庆大学建筑城规学院
17	SP004	话清水　书青囊	长安大学建筑学院
18	SP015	溯源减排　织绿增汇	浙江大学建筑工程学院
19	SP022	比邻之合，陶然与共	山东建筑大学建筑城规学院
20	SP027	青山着意化为"道"	南京工业大学建筑学院
21	SP033	客居仙谷　景融灵通	厦门大学建筑与土木工程学院
22	SP034	龙吟人聚　情满矿山头	安徽建筑大学建筑与规划学院
23	SP044	湘子遗韵·五资共济	重庆大学建筑城规学院
24	SP045	云上黄陵·月下乡	重庆大学建筑城规学院
25	XP005	寻风问窑，共览汗青	吕梁学院建筑系
26	XP019	疗语绕梁	华中科技大学建筑与城市规划学院
27	XP026	山水依古堡堆绣系乡魂	长安大学建筑学院
28	XP027	卷绘吾屯	长安大学建筑学院
29	XP030	一梦田园·半窗乡学	厦门大学嘉庚学院建筑学院
30	XP032	旧礼新话，营濮携游	昆明理工大学城市学院
31	XP035	黑山白水八旗琴江	福州大学建筑与城乡规划学院 福建农林大学园林学院

续表

序号	报名编号	作品名称	院校名称
32	XP037	碳中和·新乡村	华南理工大学建筑学院
33	XP038	塘尾生韵，书乡意境	东莞理工学院城市学院城建与环境学院
34	XP041	富春计划：村联	浙江工业大学设计与建筑学院
35	XP062	忆万里东归，绘赛罕陶来	内蒙古工业大学建筑学院
36	XP069	古道寻芳兴马鸿	河南城建学院建筑与城市规划学院
37	XP072	隐于林中　沉于地下	长安大学建筑学院
38	XP076	青山康乐至　艺野绘青南	浙江农林大学园林学院
39	XP087	复山·赴山	浙江农林大学风景园林与建筑学院
40	XP100	青圩无忧，绿水长流	南京工业大学建筑学院
41	XP115	久寨依山起　兴村欲栈连	兰州交通大学建筑与城市规划学院
42	XP119	赋态唤绿、欣与林皋	长安大学建筑学院
43	XP122	行走的课堂	云南财经大学城市与环境学院
44	XP130	陇上桃源·格桑故里	兰州交通大学建筑与城市规划学院
45	XP134	窑火千年，古瓷新生	郑州大学建筑学院
46	XP138	红虾戏莲·乐共田居	湖南师范大学地理科学学院
47	XP157	歌兴罗寨，苗趣横生	重庆大学建筑城规学院
48	XP159	石臼湖畔，一点儿"韧性"	南京工业大学建筑学院
49	XP167	从龙眼邮乐购到游乐购	华南理工大学建筑学院
50	XP175	莲居宜景，荷业臻民+	商丘师范学院测绘与规划学院
51	XP178	内修·外化	长安大学建筑学院
52	XP190	黄栾枕青鲤，田中话宗堂	福州大学建筑与城乡规划学院
53	XP200	循文织脉　融城兴村	长安大学建筑学院
54	XP201	陶声依旧，古村犹新	郑州大学建筑学院
55	XP211	麓巷入画，劃中取境	苏州科技大学建筑与城市规划学院
56	XP217	忆石刻今，羽落人居	河南城建学院建筑与城市规划学院
57	XP224	古村西学学无涯	郑州大学建筑学院
58	XP231	戏融三生，三寻村头	北方工业大学建筑与艺术学院
59	XP232	耕读田园，诗书竹桥	兰州理工大学设计艺术学院
60	XP255	林间·部落·享晚年	合肥工业大学建筑与艺术学院

2021年全国高等院校大学生乡村规划方案竞赛
乡村调研报告竞赛单元决赛入围名单

序号	报名编号	作品名称	院校名称
1	JI055	灵谷归客、梦溯新乡	厦门大学建筑与土木工程学院
2	JI076	古今汇林浦，守正开新境	福州大学建筑与城乡规划学院
3	QI043	"三生"以陟，林盘新衍	重庆大学建筑城规学院
4	QI050	葳蕤蓊郁，往来会贤	长安大学建筑学院
5	QI058	酌古沿今·"驿"脉相承	长安大学建筑学院
6	SI049	种子计划	山东建筑大学建筑城规学院
7	SI053	奎海思源　侨创芯生	厦门大学建筑与土木工程学院
8	SI059	田园旧梦·国学新韵	中南大学建筑与艺术学院
9	XI280	翁康？林盘长者医图3.0	四川农业大学建筑与城乡规划学院
10	XI284	卡车经济与教育空心	中央美术学院建筑学院 浙江大学建筑工程学院 复旦大学中国语言文学系、数学科学学院 中国政法大学法学院
11	XI291	融古纳今，赋能南社	中山大学新华学院
12	XI295	钗松福瑞，陶泽邨邑	广州大学建筑与城市规划学院
13	XI317	无用之用，以兴苗寨	湖南大学建筑学院
14	XI323	要素流入，精准振兴	上海大学上海美术学院
15	XI331	兼年之储，良以光伏	华南理工大学建筑学院
16	XI338	清渠复绿水，归港还漖乡	上海大学上海美术学院
17	XI352	万物生息	兰州交通大学建筑与城市规划学院
18	XI353	车巴秘境　洛克神话	兰州交通大学建筑与城市规划学院
19	XI360	问道南窖，矿村重冉	北京林业大学经济管理学院、园林学院
20	XI373	忆古诉戎·红色"更"续	青海大学土木工程学院
21	XI376	从"盆景"变"风景"——梨村之路	重庆大学建筑城规学院
22	XI379	传统村落的"解与构"	西安工业大学建筑工程学院
23	XI386	盆景绘悠乡　居然城市边	广州大学建筑与城市规划学院
24	XI407	产居"淘"融　东风铸新	南京大学建筑与城市规划学院
25	XI412	思土育文，文育土司	贵州大学建筑与城市规划学院
26	XI426	芦荡剧幕·精神先行	苏州科技大学建筑与城市规划学院
27	XI429	沈杨"过客"，何去何从？	同济大学建筑与城市规划学院
28	XI492	旧酒新瓶装，乡韵山间存	宁波大学潘天寿建筑与艺术设计学院
29	XI493	塬梦6G·黄土新生	西北大学城市与环境学院
30	XI495	牧歌野奢，扶"漖"直上	上海大学上海美术学院

2021年全国高等院校大学生乡村规划方案竞赛
乡村设计方案竞赛单元决赛入围名单

序号	报名编号	作品名称	院校名称
1	JD070	基于功能复合的溪头村村民活动中心设计	安徽建筑大学建筑与规划学院
2	JD071	墙边	北京建筑大学建筑与城市规划学院
3	JD072	触井生情	哈尔滨工业大学建筑学院 同济大学建筑学院 天津大学建筑学院 Chalmers University of Technology
4	JD074	剧场厨房	重庆大学建筑城规学院
5	JD075	民之所院，乐之所集	北京建筑大学建筑与城市规划学院
6	QD070	归园慢漫，悠见南山	西安美术学院建筑环境艺术系
7	QD075	亭下院中	长安大学建筑学院
8	QD076	云台上	长安大学建筑学院
9	SD065	楮岛共享社	青岛理工大学建筑与城乡规划学院
10	XD435	昔忆	西安美术学院建筑与环境艺术系
11	XD437	聚田为景，其上新生	昆明理工大学建筑与城市规划学院
12	XD445	"新兴"向荣	长安大学建筑学院
13	XD451	秦巴记忆	长安大学建筑学院
14	XD454	寻·疏·净·栖	贵州民族大学建筑工程学院
15	XD459	随机应变	长安大学建筑学院
16	XD462	南桥织梦	厦门大学建筑与土木工程学院
17	XD472	边寨喊沙	昆明理工大学建筑与城市规划学院
18	XD473	续聚火·凝人心	四川农业大学建筑与城乡规划学院
19	XD474	院叠	长安大学建筑学院
20	XD477	藏式民居厕所改造	西南民族大学建筑学院
21	XD478	故渊拾遗，弦歌新响	长沙理工大学建筑学院
22	XD481	梨园新祠	四川农业大学建筑与城乡规划学院
23	XD499	乡舍舞台	长安大学建筑学院
24	XD500	厨房更迭，萌下同餐	同济大学建筑与城市规划学院

第 二 部 分

乡村规划方案
竞赛单元

乡村
振兴

2021年全国高等院校大学生乡村规划方案竞赛
乡村规划方案竞赛单元
评优组评语

段德罡

2021 年大学生乡村规划方案竞赛
乡村规划方案竞赛单元　评优专家

中国城市规划学会乡村规划与建
设学术委员会　副主任委员

西安建筑科技大学建筑学院　教授

1. 总体情况

本次乡村规划方案竞赛单元共有 145 份作品进入遴选，经过逆序淘汰、优选投票、排名打分和评议环节，评出各等级奖项，最终结果为：一等奖 2 个、二等奖 7 个、三等奖 8 个、优胜奖 12 个、佳作奖 30 个、最佳研究奖 1 个、最佳创意奖 1 个、最佳表现奖 1 个。

2. 优点

第一，覆盖面广，亮点频出。

今年由于疫情管控原因，本次指定基地活动全部取消，全部改为自选基地方式参与，所以本次乡村规划方案覆盖面广，涉及全国各地，特别是针对少数民族地区的规划方案，使人眼前一亮。

第二，逻辑贯通，研究深入。

（1）方案涉及要素多元，能够较好地建构起规划的逻辑；

（2）调研分析扎实，对村庄问题的研判较为深入准确；

（3）利用多学科的理论方法解决问题，具备创新性与研究性；

（4）反映出广大学子对乡村的愈发重视。

3. 评优要点

第一，基本功。

（1）注重考察学生作为规划师的基本专业素养；

（2）能否基于专业的表达方式呈现良好的视觉效果；

（3）能否利用图示语言清晰准确地传递信息。

第二，综合素质。

（1）对于问题的抓取是否具备广泛性、准确性；

（2）对于问题的解决是否具有创新性、实施性；

（3）能否建构从"调查—研究—规划"的完整逻辑；

（4）规划是否回应了问题，承载了目标。

4. 存在的问题

第一，基本功不扎实。

（1）图纸表达的规范性与专业性不足；

（2）方案内容贪多求全，信息庞杂，使得主线不清晰；

（3）问题分析与目标制定脱离实际，导致方案逻辑不成立。

第二，对乡村认识不足。

（1）普遍把乡村当成城里人寄托乡愁的场所，基于城市人的视角去解决乡村现实问题；

（2）对乡村发展模式构建相对单一，仍过多依赖乡村旅游、农家乐等模式；

（3）缺乏对村民主体性的关注，要么"看不见人"，要么只看人的诉求，鲜有将村民作为村庄发展资源的考量。

5. 期望

第一，精准分类、精准施策。

我国地域广阔，村庄类型多样，发展现实复杂，规划方案的制定应基于对规划对象的精准分类；基于村庄特征，制定符合其资源禀赋特质的发展路径，切莫以己之好恶规划村庄。

第二，城乡命运共同体。

乡村和城市只是以不同尺度承载着不同的社会经济功能，两者价值相等，应将乡村和其依托的城市视为一个整体，在城乡共同愿景、共同目标的前提下展开村庄规划与建设，切莫就村言村。

第三，致力于推进乡村现代化。

城镇化与现代化依然是城乡建设发展的主旋律，规划不能只将乡村视为传统文化的载体，应将乡村发展置于国家现代化进程之中来考量，尊重村民的发展权，注重成长路径的构建。

（以上内容根据段德罡教授在西安年会上的点评 PPT 整理发布。）

2021年全国高等院校大学生乡村规划方案竞赛
乡村规划方案竞赛单元专家评委名单

序号	姓名	工作单位	职务 / 职称
1	段德罡	西安建筑科技大学建筑学院	教授
2	徐煜辉	重庆大学建筑城规学院	教授
3	冷红	哈尔滨工业大学建筑学院	教授
4	武联	长安大学建筑学院	教授
5	史怀昱	陕西省城乡规划设计研究院	院长
6	蔡穗虹	广东省城乡规划设计研究院有限责任公司	副总工程师

2021年全国高等院校大学生乡村规划方案竞赛
乡村规划方案竞赛单元决赛获奖名单

评优意见	报名编号	作品名称	院校名称	参赛学生			指导老师
一等奖	JP015	引"潮"力	苏州科技大学建筑与城市规划学院	吴钟华 王雪松 陈兆轩 汤龙飞 褚楚 王虹雲			刘宇舒 王振宇 范凌云
一等奖	SP044	湘子遗韵·五资共济	重庆大学建筑城规学院	罗眱秋 朱柯睿 常林欢 孙港 万金霞 蒋垚			李云燕 李旭 周露
二等奖	XP027	卷绘吾屯	长安大学建筑学院	李妍 叶娇 马治宁 张子宇 徐力寰 杨子			鱼晓惠 林高瑞
二等奖	XP100	青圩无忧，绿水长流	南京工业大学建筑学院	曹越 何仙芝 王凤鸣 陈盟 字月婷 吴相礼			王江波
二等奖	XP224	古村西学学无涯	郑州大学建筑学院	丁香茹 梁生 丁东方 尚靖植 陈梦欣 卢富源			刘韶军
二等奖+最佳研究奖	XP062	忆万里东归，绘赛罕陶来	内蒙古工业大学建筑学院	陈俊旭 胡媛 党慧 吴亚玲 王嘉雯 张梦圆			荣丽华 王强
二等奖+最佳表现奖	XP211	麓巷入画，劃中取境	苏州科技大学建筑与城市规划学院	潘启烨 秦华源 张晨 程菲儿 林志鸿 梁瑞宸			王振宇 范凌云 刘宇舒
二等奖	QP028	道韵·麓北·话乡居	长安大学建筑学院	史润雨 王玥 白栋辉 陈诗涵 李青泽 陈粟			段亚琼 李兰 侯全华
二等奖	QP078	镶红拥绿·"共富"坦歧	重庆大学建筑城规学院	张馨月 蒋川 李明羲 陶晗 吴林颖 邓皓宁			徐煜辉 田琦
三等奖	XP032	旧礼新话，营濮携游	昆明理工大学城市学院	缪应鹏 杨清 夏刚 曹琼天 盘龙云 关满瑞			李旭英 马雯辉 侯艳菲
三等奖	XP157	歌兴罗寨，苗趣横生	重庆大学建筑城规学院	佘佳纹 陈海妮 唐小柏 蒙约 喻明阳 史嘉浩			谭文勇 周露
三等奖	XP178	内修·外化	长安大学建筑学院	李丹妮 侯倩倩 缑艺轩 于德海			余侃华 许娟 鲁子良
三等奖	XP134	窑火千年，古瓷新生	郑州大学建筑学院	张亚楠 彭冬雨 黄应玮 武龙涛			张东
三等奖	XP190	黄栾枕青鲤，田中话宗堂	福州大学建筑与城乡规划学院	彭京京 黄佳玲 王露媛 肖妮娜 刘烨 张倩莹			严巍 赵立珍 赵冲
三等奖	SP045	云上黄陵·月下乡	重庆大学建筑城规学院	陈玖奇 刘洋 胡艳妮 宣雪纯 李曼妮 黎锐聪			周露 李旭 李云燕
三等奖	QP021	山青水曲，形散神聚	长安大学建筑学院	金晨 商艾琪 李博轩 吴冼焱 周熙智 黄竞越			侯全华 段亚琼 李兰

续表

评优意见	报名编号	作品名称	院校名称	参赛学生	指导老师
三等奖	QP023	观岭入洞天，叙景归桃源	长安大学建筑学院	马未名　于佳姝　周子巽 蔡　玥　徐赫辰	张　薇 武　联 张　月
优胜奖	XP087	复山·赴山	浙江农林大学风景园林与建筑学院	叶韦妤　武诗颖　潘娇娇 孔　焕　姜纯玮	吴亚琪 马淇蔚
优胜奖 + 最佳创意奖	XP159	石臼湖畔，一点儿"韧性"	南京工业大学建筑学院	张　千　王月萍　吴君妍 马东旭　林雅楠　林书昌	黎智辉 陶德凯
优胜奖	XP167	从龙眼邮乐购到游乐购	华南理工大学建筑学院	谢苑仪　林静儿　苗子健 肖艺涵　吴忻雨　陈　彤	叶　红
优胜奖	SP004	话清水　书青囊	长安大学建筑学院	王　超　石　立　陈嘉璇 李　卓　杨文惠	井晓鹏
优胜奖	QP079	瞻彼美田　米兴土家	重庆大学建筑城规学院	庄留星　蒲建希　施乾雨 王贞欢　杨曼祺　詹达勇	闫水玉 叶　林
优胜奖	XP072	隐于林中　沉于地下	长安大学建筑学院	王　颖　王　森　桑福川 乔　末　孙媛媛　吴　玲	蔡　辉 余侃华 张　月
优胜奖	XP231	戏融三生，三寻村头	北方工业大学建筑与艺术学院	王晔昕　辛　鹏　田惟怡 王欣彤　李金鹏　郑则立	李　婧 梁玮男
优胜奖	XP138	红虾戏莲·乐共田居	湖南师范大学地理科学学院	严紫漪　李东辉　杨燕如 黄梦倩　刘雅丽　文丝雨	马恩朴 朱佩娟 贺艳华
优胜奖	XP005	寻风问窑，共览汗青	吕梁学院建筑系	李碧萌　张宇茜　杨　茜 武　萌　王朝辉　任　婧	李　勇 崔彩萍 薛志峰
优胜奖	SP034	龙吟人聚　情满矿山头	安徽建筑大学建筑与规划学院	洪　玮　徐　红 张　郁　杨诚怡	宋　祎 何　颖 肖铁桥
优胜奖	XP122	行走的课堂	云南财经大学城市与环境学院	刘文鹏　李　博　罗　钰 孙念书　王雅雯	范　茜 胥　晓 李　彦
优胜奖	QP008	行郢不离	安徽建筑大学建筑与规划学院	贾慧琳　胡诚洁　徐　图 卢逸舟　赵　寅　陶安然	肖铁桥 杨新刚 杨　婷

（注：因为篇幅有限，故只刊登一、二等奖获奖作品）

2021年全国高等院校大学生乡村规划方案竞赛

乡村规划方案竞赛单元

获奖作品

◇　　# 引"潮"力

一等奖

【参赛院校】 苏州科技大学建筑与城市规划学院

【参赛学生】

吴钟华　　　　王雪松　　　　陈兆轩　　　　汤龙飞

褚　楚　　　　王虹雲

【指导老师】

刘宇舒　　　　王振宇　　　　范凌云

▨ 作品介绍

一、村庄基本情况

区位：东门渔村位于浙江省宁波市象山县石浦镇东门岛上，东临辽阔的东海，地处东门岛路，西与石浦隔港对峙。

人口状况：东门渔村现有住户1526户，共计5397人，其中有渔业人口2456人，大马力渔船251艘，大小冷库20多座，全村80%以上青壮年从事海洋捕捞业。

二、特色资源

文化层面：东门渔村的历史悠久，特色鲜明，集"渔文化""海防文化""妈祖信仰"等于一体，是浙东渔业"活"的博览馆和历史书。

生态层面：东门渔村拥有"山—村—海—港—岛"的生态格局，环境资源丰富。

三、现状问题梳理

1. 产业方面

（1）第一产业渔业产业延伸不充分，渔民生产多以供应原料为主，从产地到餐桌的链条不健全。

（2）第三产业发展较少，生态资源待充分利用。农村生产生活服务能力不强，产业融合层次低，乡村价值功能开发不充分，农户和企业之间利益联结不紧密。

（3）渔民逐渐上岸开民宿，办渔家乐，但缺乏统一管理，因旅游淡旺季产生价格不合理现象，同时旅游相关产业缺乏层次和影响力。

2. 生态方面

（1）东门渔村内景观多为人工绿地，景观分布集中，规模较小。

（2）村域范围内存在两座水库，但水质污染严重，缺少治理。

（3）海洋污染加重，渔业资源衰退。

特征挖掘

3. 文化方面

（1）渔村传承的非物质文化遗产丰富，如渔歌号子、鱼拓等技艺却缺乏发扬传承。

（2）文化资源丰富，但缺乏宣传推广，文化认同感较低。

4. 社会方面

（1）渔业劳动人口多为老年人，渔民文化素质较低。

（2）政府对于渔民的保障制度不完善，禁渔期渔民生活保障低。

5. 特征挖掘

由于渔业规律，节庆民俗活动，地理环境限制的影响，渔民出现周期性往返城镇与渔村之间的现象。

四、设计概念　引"潮"力

"潮"的释义一（物理学含义）：引潮力是指月球和太阳对地球上单位质量的物体的引力，这种力是引起潮汐的原动力。

"潮"的释义二（现状特征）：指东门渔村人口由于社会、经济因素周期性变化所引发的"潮"起"潮"落。

"潮"的释义三（规划愿景）：指通过规划设计后，东门渔村在崭新的引力体系下迎来发展的新"潮"。

五、方案阐释

时节策划：通过对东门渔村时空四维的分析，将各个时节活力点进行归纳总结，通过时节策划确定各段时节特征活动主题，并进行村民游客主题游线设计和特色功能的打造。

引力体系：通过对东门渔村的时节策划，作为推动乡村发展新潮的新动力，构建了以文化力、生产力、生态力、组织力为内容的引力体系框架。

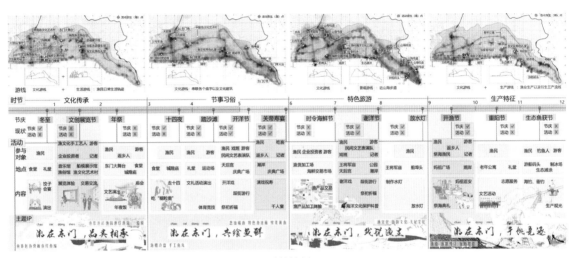

时节策划

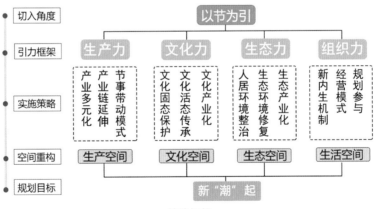

策略框架

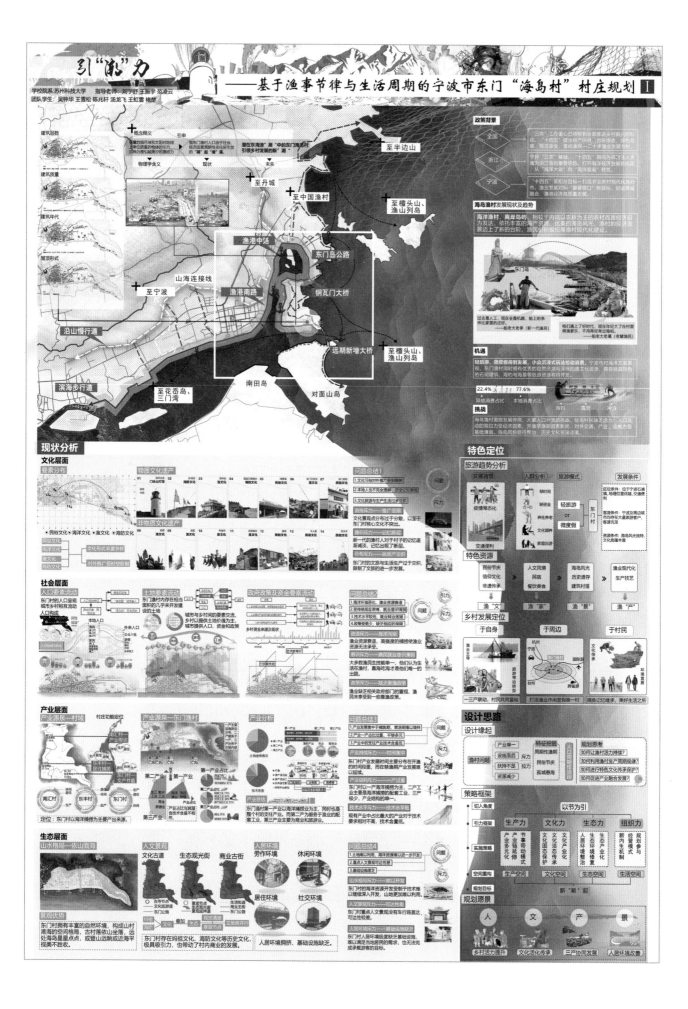

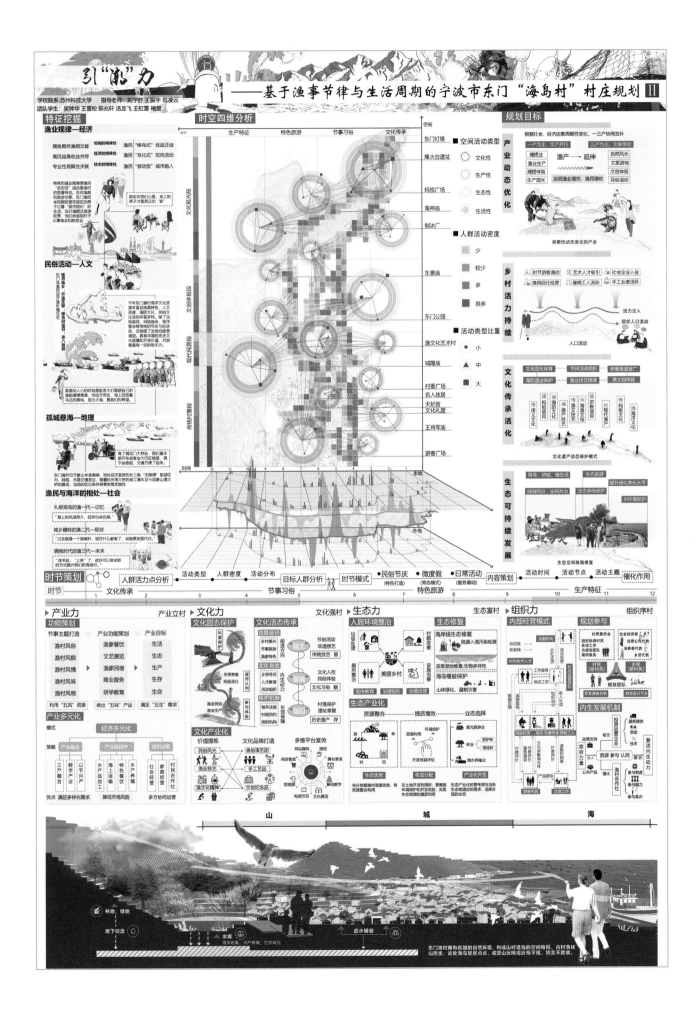

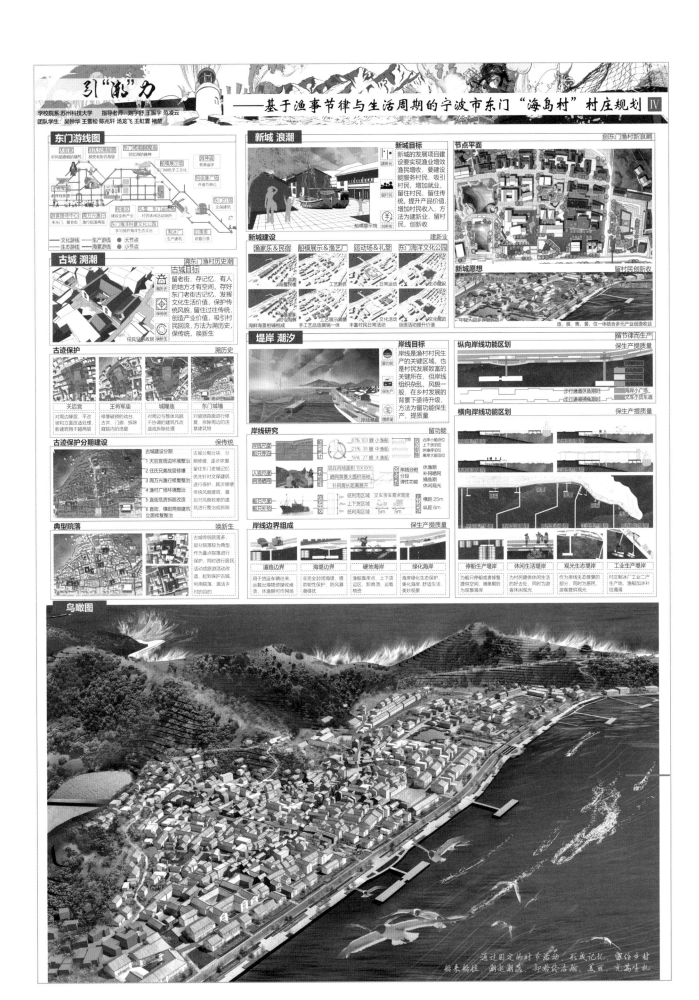

湘子遗韵 · 五资共济

【参赛院校】 重庆大学建筑城规学院

【参赛学生】

罗晛秋　　　朱柯睿　　　常林欢　　　孙　港

万金霞　　　蒋　垚

【指导老师】

李云燕　　　李　旭　　　周　露

作品介绍

一、基地概况

　　紫竹村位于重庆市长寿区长寿湖镇中部，毗邻长寿湖旅游区，东临本镇花山村和红光村，南临本镇龙沟村，西临本镇石回村及邻封镇，北靠长寿湖。村域面积 678.33hm²，村委会位于狮子滩电站东侧，北侧有 643 县道经过，交通便利；西扼龙溪河，背枕狮子滩水库，自然资源丰富，具有很大的发展潜力。

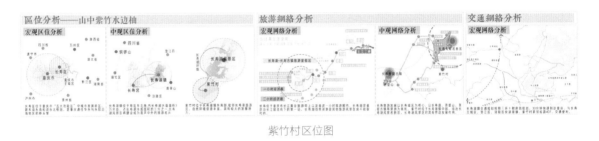

紫竹村区位图

二、规划思路

　　紫竹村毗邻长寿湖旅游区，是较为典型的景区边缘型乡村，其在发展过程中与众多乡村一样，存在着社会结构失衡、产业动力不足等问题，通过对紫竹村的实地调研，我们被这个村子良好的自然风貌所吸引，还切身感受到村民的所思所想，因此在规划中引入金融学概念"生计资本"理论，详细梳理紫竹村五大资本（自然、人力、金融、物质、社会），并对其进行策略引导，最后实现五大资本相互耦合，互促成长，构建紫竹村内外多维网络关系，从而促进紫竹村长远且稳定的发展，为同类型的景区边缘型乡村提供发展思路。

规划思路

三、现状分析

　　自然资本：紫竹村整体地形西南高东北低，全村地貌以丘陵为主。村内山水林田湖等风貌良好，湘子山、龙溪河等自然要素共同构成紫竹村背山面水、依水而居的村落格局。对其进行资本诊断分析，发现紫竹村存在季节性洪涝频发、植物种类单一，利用率低、自然要素独立发展，缺乏联系、农作物生产链短，收入低等问题。

人力资本：紫竹村现状存在空心化现象，老龄化严重，乡村活力缺失。

金融资本：紫竹村现状存在产业同质化，内生能力不足、收入单一，乡村要素流失、产业结构不稳、就业机会少，村民主体缺位等问题。

物质资本：紫竹村现状存在文化资源被忽略、缺少公共空间、基础设施不足、建筑空间破旧等问题。

社会资本：紫竹村现状存在内部资本网络封闭且同质、村庄集体意识薄弱，文化淡漠、交往准则与感情依托消失、各团体之间有阻隔感等问题。

资本诊断

四、规划策略

自然资本：充分保护与利用山水林田湖资源，实行"保山""理水""育林""沃田""治湖"的规划策略。

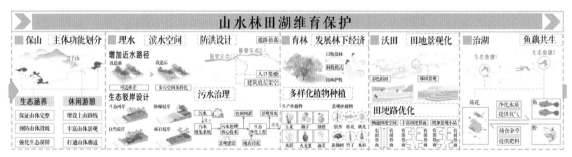

自然资本策略

人力资本：在规划中将人力资本主体进行扩充，新增新村民与游客两类人群形成三大主体，提出原村民"回与业"、新村民"引与住"、远客"游与留"的规划策略。

人力资本策略

金融资本：在规划中设计金融资本共建共享机制，使农民切实享受产业经营收益，同时构建多元产业链、促进要素互联共生，增加收入途径。

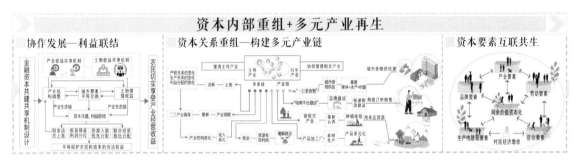

金融资本策略

物质资本：对建筑空间、基础设施进行优化提升，同时将空间与文化进行整合，重构乡村社区生活。

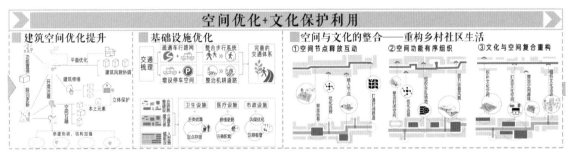

物质资本策略

社会资本：构建资本内生性秩序能力和维系力量，塑造村民个体交互空间网络，有效组织村社村域社会关系网络。

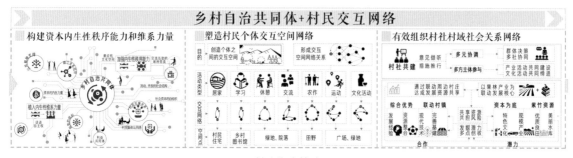

社会资本策略

五、规划愿景

　　本方案充分挖掘紫竹村内生资本，在尊重现状的基础上，使自然资本联动发展、金融资本协作发展、物质资本优化提升、人力资本主体扩充、社会资本互助共赢，构建五大资本耦合结构，找出乡村发展的关键要素，以人力资本为出发点，打造"一轴、两带、四心"的规划结构。

　　一轴：水滨发展轴

　　两带：沿河景观带、水库并联带

　　四心：村头服务中心、体验游憩中心、湖滨休闲中心、智慧营村中心

规划总平面图

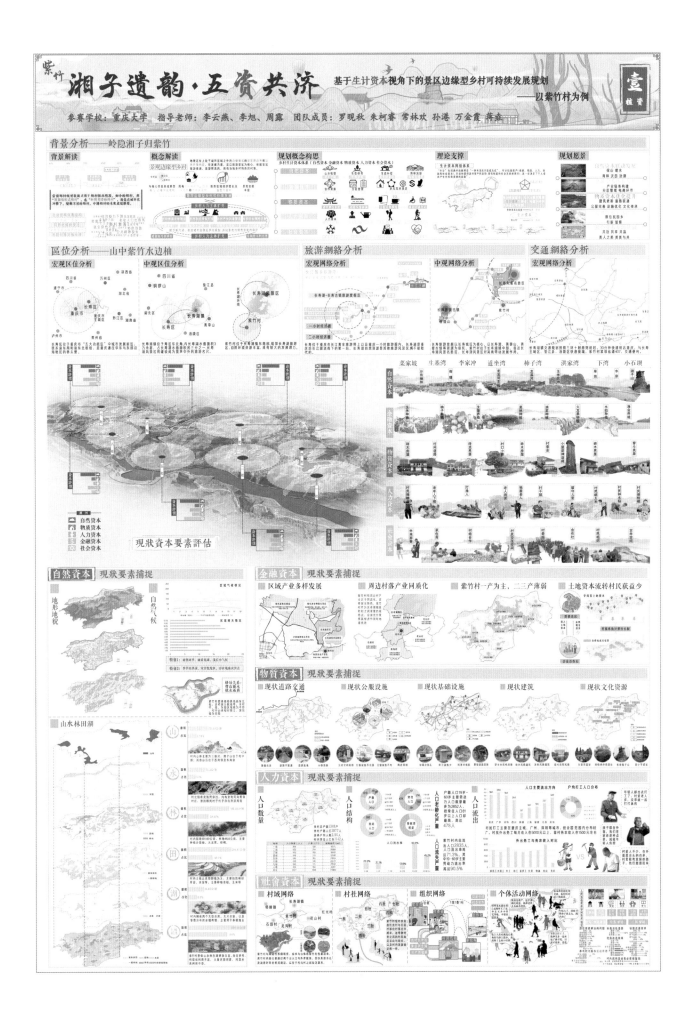

湘子遗韵·五资共济

基于生计资本视角下的景区边缘型乡村可持续发展规划——以紫竹村为例

参赛学校：重庆大学   指导老师：李云燕、李旭、周露   团队成员：罗眠秋 朱柯睿 常林欢 孙港 万金霞 蒋嘉

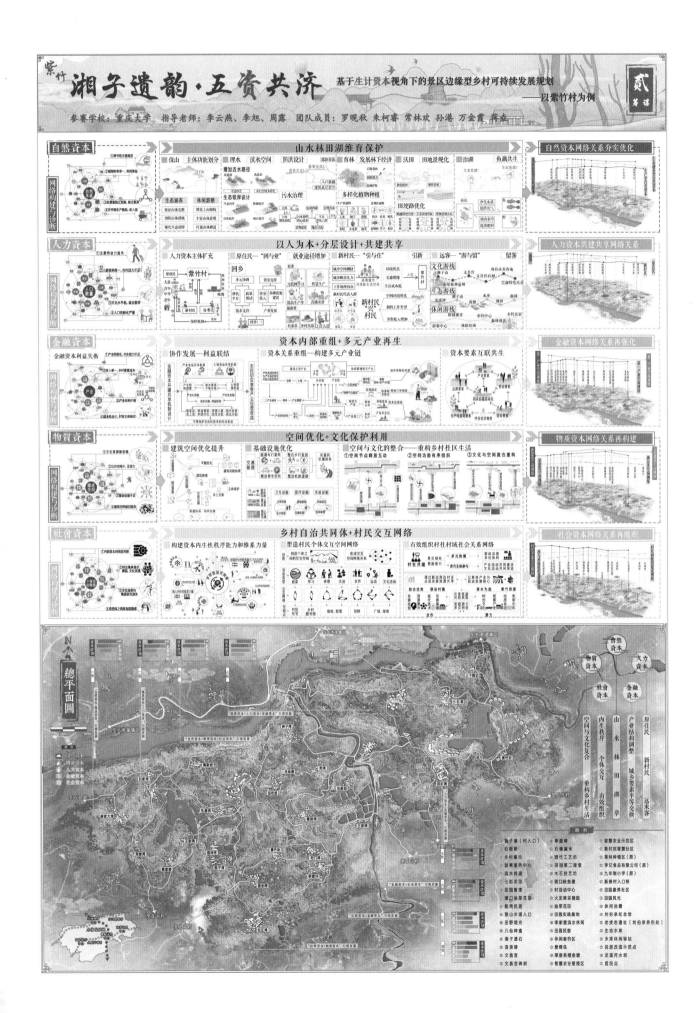

总平面图

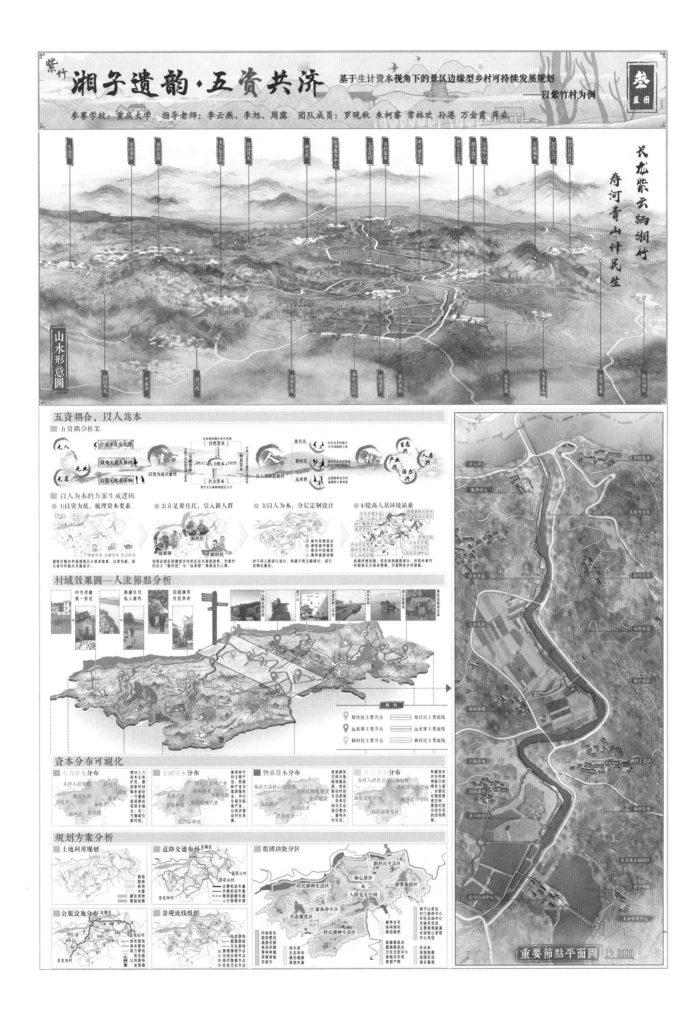

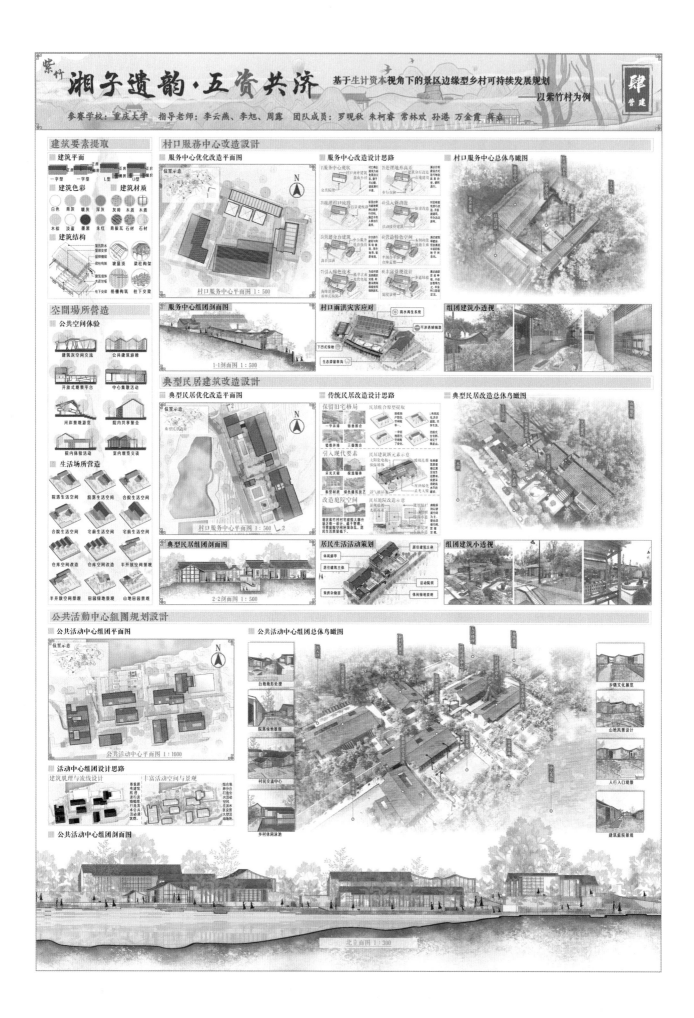

◇ **卷绘吾屯**

【参赛院校】长安大学建筑学院

【参赛学生】

李　妍　　　叶　娇　　　马治宁　　　张子宇

徐力寰　　　杨　子

【指导老师】

鱼晓惠　　　林高瑞

▤ 作品介绍

　　山川接水缘，源起公元前，历经魏晋南北朝、唐朝，成于明，兴于清，热贡文化自新中国成立后发展至今。吾屯上、下庄在人居环境、产业发展及文化遗产等多方面遭遇诸多困境。以绘卷作为直接意向，通过梳理吾屯空间、产业、文化三方面的现状，总结出载体形散、产城墨尽、文脉褪色的吾屯现实困境，得出藏卷失魂的核心问题。结合吾屯现存问题，注入新征程社会主义之魂，提出塑乐活人居之形、研产业兴旺之墨、上文脉传承之色。基于此，运用起一承一转一合的勾勒手法设计打造出藏情共绘的美好画卷。

一、基地概况

　　吾屯上、下庄村隶属于青海省黄南藏族自治州同仁市隆务镇，位于同仁市北部，地处省道306 线（同循公路）沿线、隆务河东岸。

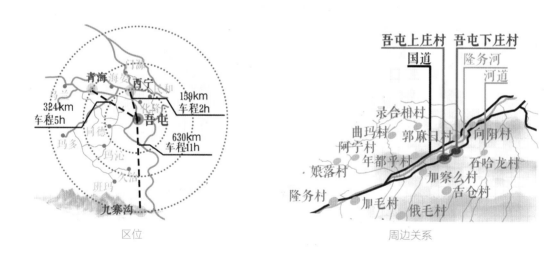

区位　　　　　　　　　　　　　　　　周边关系

　　同仁隆务河流域，历史上有蒙古族、土族、藏族、汉族等民族多次来往迁徙，文化交流频繁。民族的多元造成这一地域文化的多元。当时沿隆务河谷出现了许多大小村落，各政治势力在此屯田养兵，其中郭麻日村、年都乎村、吾屯上庄村等农耕和军事防御中心就此形成。

　　吾屯聚居点形成于明天启及崇祯年间。下寺建于 1621 年，上寺建于 1630 年，是全国重点文保单位。依据自然地势高低形成上、下庄，两庄各自以上、下寺为核心进行布局发展，形制不明，建筑多为近、现代时期。但因热贡艺术匠人众多而闻名，成为"热贡艺术"之乡。

综合现状分析

二、问题分析

1. 空间问题——载体形散

通过对现状空间问题分析得出空间载体形散的结论。街巷与公共空间错位，不符合村民日常生活规律。对于居民身体锻炼方面，缺乏相应的运动场所。荒废场所较多，影响景观和村民体验。村民日常的社交方面，缺少供村民平时聊天沟通的场所，并且，很多公共空间利用不足，缺乏相应的整治优化。

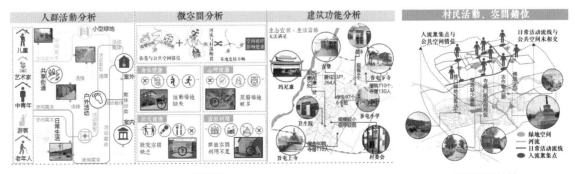

空间问题　　　　　　　　　　　　　　　　　　　　　空间问题总结

2. 产业问题——产城墨尽

通过对现状产业问题分析得出产业断层及产业不成体系的结论。热贡艺术产业丰富，但是在整个村庄还不具规模且产业分布散乱。村中唐卡产业分为寺院生产经营、画院生产经营和家庭作坊生产，家庭作坊生产占大部分，难以形成规模效应，且销售渠道单一，产业链不完善。村庄内旅游产业活力不足，相关服务设施以及展示空间缺乏。

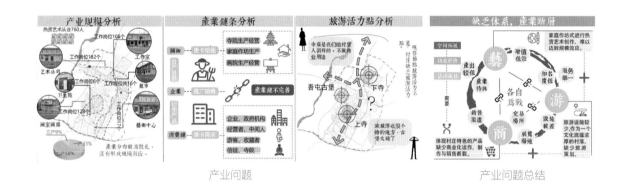

产业问题 产业问题总结

3. 文化问题——文脉褪色

通过对现状文化问题分析得出产业出现文脉褪色的现象。热贡艺术文化产业丰富，但是从事热贡艺术产业的艺术工作者较少，传承人中老年人占比大，作为传承者的年轻人则占比较小。吾屯上、下庄的物质文化较多，例如吾屯上寺、吾屯下寺和吾屯古堡等，历史遗迹丰富。但是文化展示策略不足，原有空间格局在村庄建设中易受到破坏。

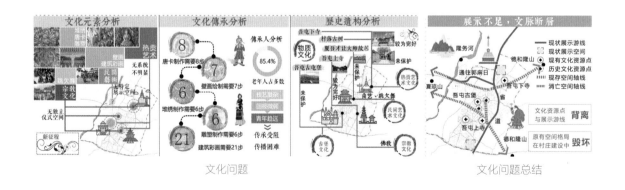

文化问题 文化问题总结

三、技术路线

通过对吾屯上、下庄的寺院、唐卡和历史三个方面分析，总结吾屯上、下庄现在的发展困境。以吾屯振兴为目标，从人居空间、产业经济和历史文化三个角度入手，以吾屯存在问题为导向，梳理矛盾。吾屯的三个问题，分别是空间问题——载体形散，产业问题——产城墨尽，文化问题——文脉褪色。总结核心问题为藏卷失魂。

以藏情共绘为理念，塑乐活人居之型，研产业兴旺之墨，上文脉传承之色。注入新征程社会主义之魂，通过回溯、新生和融合对产业赋能、文脉修复并改善人居。以此来达到共绘吾屯美景新画卷，传唱民族融合新故事的吾屯振兴目标。让吾屯上、下庄成为中国多彩的热贡艺术圣地、青海的社会主义改造示范村和同仁的乡村振兴典范。

四、策略生成

1. 空间策略

塑乐活人居之型，通过分析不同人群的活动规律，总结村民所需要的空间需求，给不同年龄段人群提供相应的空间场所，使整个村庄的生活设施得到完善，提高村民生活品质。对村组进行绿源植入，形成村组绿地、村心绿地、滨河绿地、水系和山体。使生态脉络延续，营造蓝绿休闲。构建四个村组，依次为生态村组、品质村组、颐养村组和艺术村组。每个村组有各自的功能和形式，使整个村庄联动发展。

2. 产业策略

研产业兴旺之墨，通过发掘和集约热贡文化产业，为集聚产业并提升产业服务能力，打造热贡文化产业园、唐卡工坊产业园和藏文化商业街。①热贡文化产业园重点集聚藏族、土族、回族和撒拉族各民族的特色产业，形成热贡多民族文化产业平台，主要功能有文化展示、订做销售、民俗活动和相应的配套服务。②唐卡工坊产业园主要有唐卡产业的展示、鉴定、创作和唐卡衍生品等生产的功能，为村庄提供就业以及集聚各家庭工作坊构建有规模的

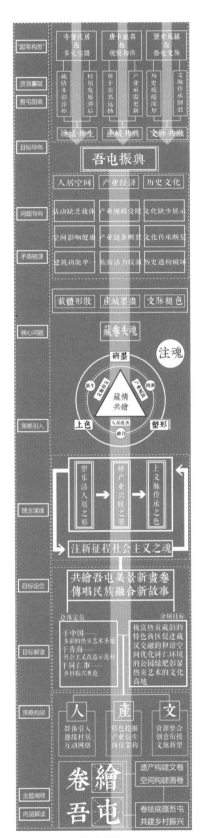

技术路线

唐卡产业工坊。③藏文化商业街连通村庄各观光部分，同时商业街也涵盖旅游纪念品、多民族美食、藏文化展示、藏文化互动、藏式民居体验和藏医展示等功能。

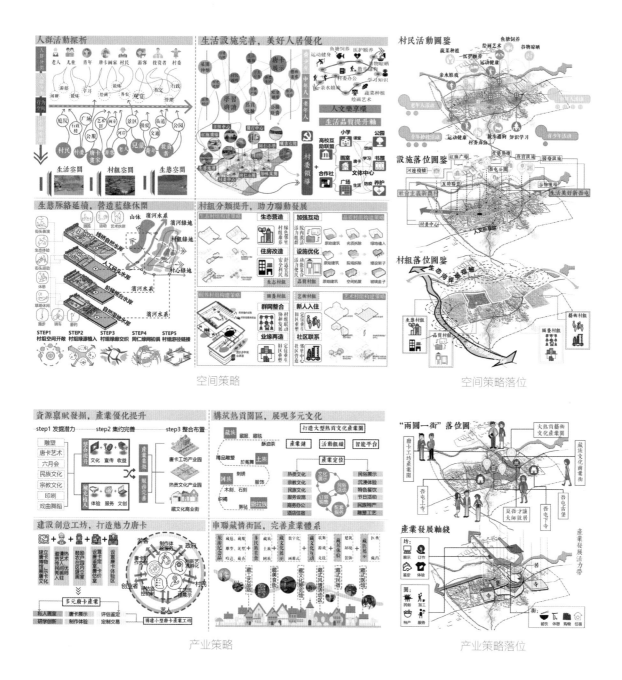

空间策略　　　　　　　　　　　　　　　　　　空间策略落位

产业策略　　　　　　　　　　　　　　　　　　产业策略落位

3. 文化策略

上文脉传承之色，通过整合文化资源，重塑文化展示空间。设置游览展示路线、新兴文化发展区、传统文化发展区和文化产业发展区。并通过文化创意衔接，提升文化产业。文化方面鼓励大众参与文创，并提供停留和文化交流场所。

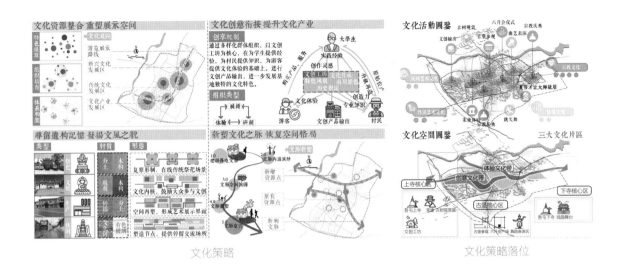

文化策略

文化策略落位

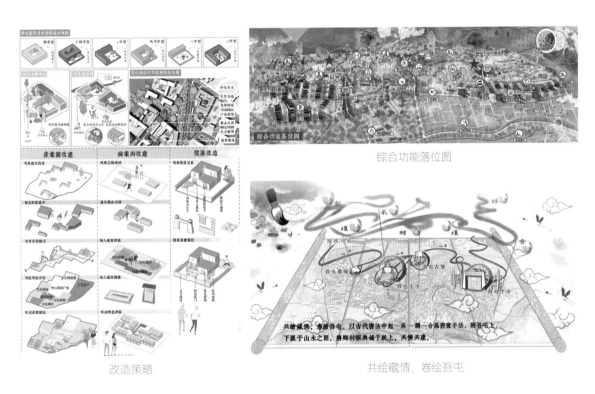

改造策略

综合功能落位图

共绘藏情，卷绘吾屯

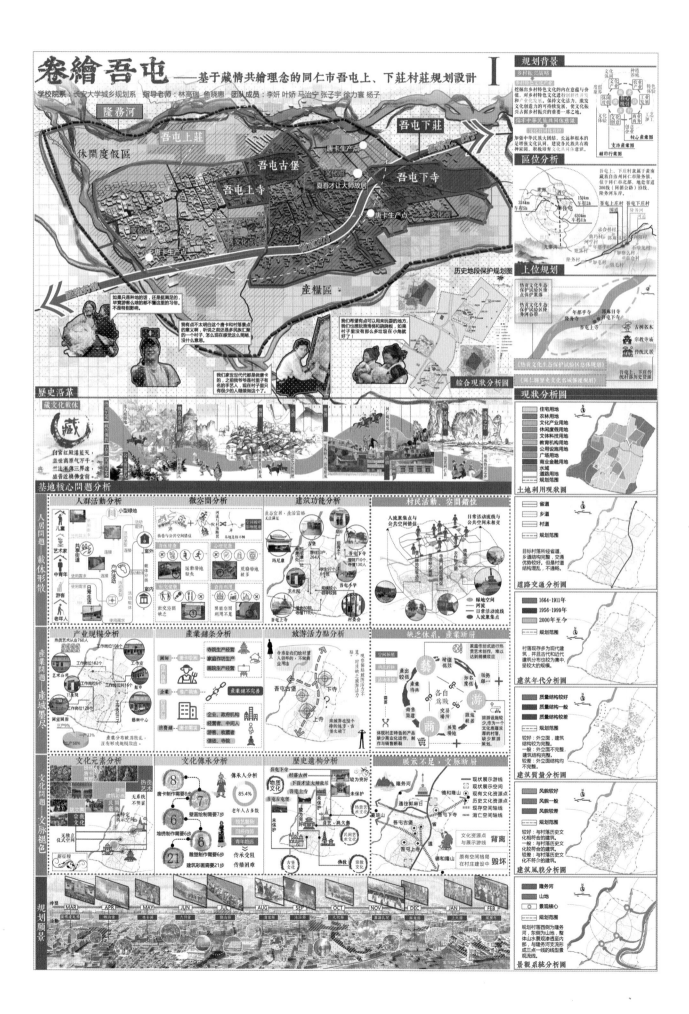

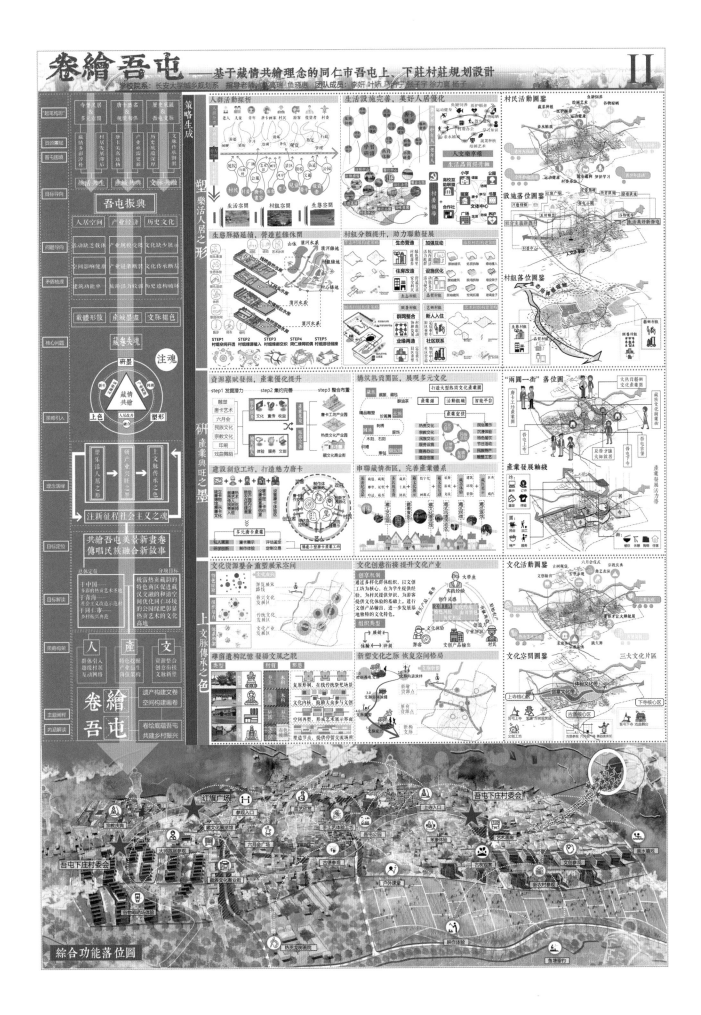

卷繪吾屯 ——基于藏情共繪理念的同仁市吾屯上、下莊村莊规划设计　III

学校院系：长安大学城乡规划系　指导老师：林高瑞·鱼晓惠　团队成员：李妍 叶娇 马治宁 张子宇 徐力蕾 杨子

学校院系：长安大学城乡规划系　指导老师：林高瑞·鱼晓惠　团队成员：李妍 叶娇 马治宁 张子宇 徐力蕾 杨子

土地利用规划图

用地平衡表

用地性质	用地面积	用地比例
住宅用地	73.67hm²	51.60%
行政办公用地	0.33hm²	0.23%
商业设施用地	3.04hm²	2.13%
耕地	30.53hm²	21.39%
文化产业用地	8.68hm²	6.08%
教育机构用地	1.32hm²	0.93%
文体科技用地	10.92hm²	7.65%
公共设施用地	0.38hm²	0.27%
道路交通设施用地	7.87hm²	5.52%
广场用地	1.32hm²	0.93%
公园用地	1.47hm²	1.03%
防护用地	2.61hm²	1.83%
水域	0.58hm²	0.41%
总计	142.72hm²	100.00%

0m　60m　150m　300m

隆務河

1 吾屯下寺入口
2 吾屯下寺经堂
3 吾屯入口广场
4 寺前广场
5 夏吾才让大师故居
6 停车场
7 赣情商业街
8 现代风貌民居
9 滨河水岸
10 吾屯古堡
11 滨河小游园
12 戏曲广场
13 吾屯小学
14 滨河商业
15 吾屯公园
16 村民活动中心
17 古树
18 吾屯上寺
19 艺术工作坊
20 吾屯村委会
21 茶亭
22 吾屯文化广场
23 吾屯商业街
24 乡土教室
25 古树
26 社会主义新农村
27 鱼塘垂钓
28 农田种植
29 热贡画廊
30 卫生所
31 藏情展示厅
32 六月会广场
33 戏曲体验
34 展示中心
35 文化创意坊
36 日间照料中心
37 热贡画廊
38 托老中心
39 幼儿园
40 村民购物中心
41 种植书屋
42 休闲茶屋
43 生态村组中心
44 林间雅舍
45 村民小游园
46 颐养中心
47 谷物晾晒场地
48 游客服务中心
49 口袋公园
50 手工艺体验工坊
51 夕阳晚渡观景台
52 户外课堂

设计说明

山川接水缘，源起公元前，历经魏晋南北朝，成形于明、兴于清，热贡文化自形成后发展至今。吾屯上、下屯皆在大环境、产业发展及文化遗产等各方面遭遇诸多困境。以绘卷作为直接意向，通过梳理吾屯的自然、产业、文化一方面的现状，总结出承载失落、产业凋敝、文脉断裂的吾屯现实困境，得出藏老是失魂的核心问题。结合吾屯现存问题，注入新时期社会主义之魂，提出理乐活人居之彩、引产业兴旺之墨、主文脉传承之色。基于此，运用起一承一转一合的勾勒手法设计打造形藏情共绘的美好画卷。

■空间结构规划图 — 特色发展，功能串联
□ 遗址保护带
□ 商业发展带
□ 文化活力带
□ 滨水休闲带
□ 沿河农业带
□ 山地生态带
○ 核心节点
○ 次级节点

■功能分区规划图 — 结合要素，多样组合
□ 现代居住区
□ 传统住宅区
□ 古堡保护区
□ 下寺旅游区
□ 上寺旅游区
□ 公共服务区
□ 特色农业区
□ 滨河农业区
□ 山地生态区
□ 滨水休闲区
□ 中心广场区
□ 文化体验区
□ 活力商业区
□ 休闲商业区

■道路流线规划图 — 步行串联，多样体验
□ 对外交通流线
□ 村庄主要流线
□ 村庄内部流线
□ 滨河游览流线
◎ 停车场
⊙ 自行车站点

■景观结构规划图 — 景观导向，活动组织
□ 核心遗址景观带
□ 活力商业景观带
□ 文化体验景观带
□ 滨河活力景观带
□ 山地风貌景观带
□ 现代生活景观带
□ 河道景观渗透
■ 核心景观节点
○ 一级景观节点
○ 二级景观节点

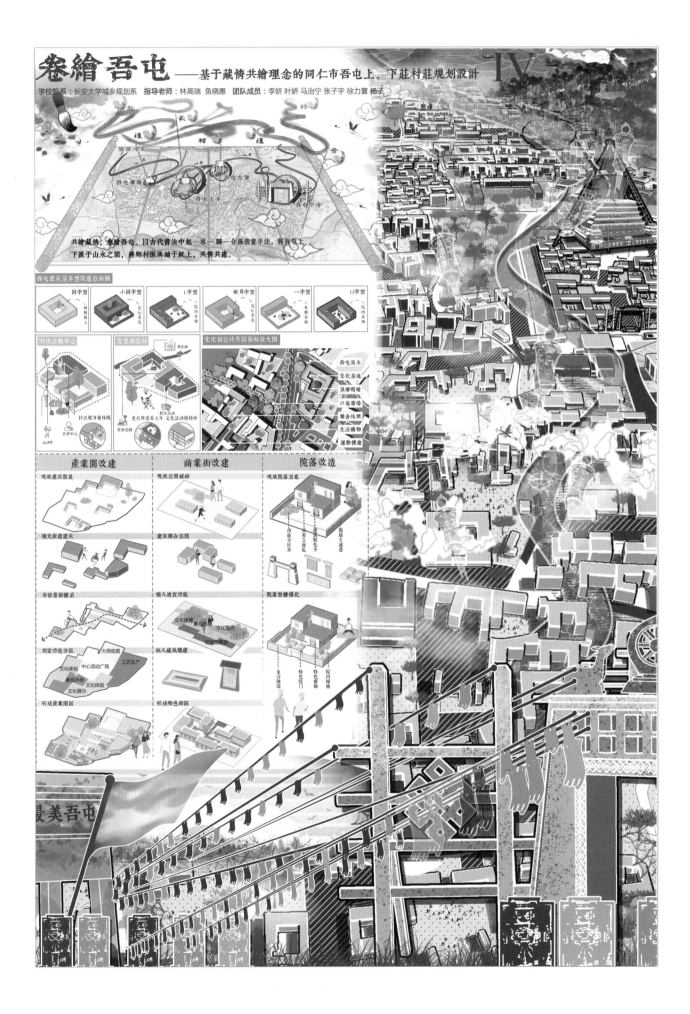

卷繪吾屯——基于藏情共繪理念的同仁市吾屯上、下莊村莊規劃設計 IV

学校院系：长安大学城乡规划系　　指导老师：林高瑞　鱼晓惠　　团队成员：李妍　叶娇　马治宁　张子宇　徐力寰　杨子

共繪藏情，卷繪吾屯。以古代書法中起一承一轉一合爲表意手法，將吾屯上下匿于山水之間，將鄉村振興鋪于紙上，共情共建。

吾屯建築基本型改造意向圖

回字型　小回字型　L字型　缺角字型　一字型　U字型

特珠活動中心　　文化創意坊　　文化創意坊井區局部放大圖

產業園改建　　　　商業街改建　　　　院落改造

現狀建築散亂　　　現狀空間破碎　　　現狀院落混亂

補充新建建築　　　建築圍合空間　　　建築立面風

布置景觀體系　　　植入適宜功能　　　院落整體優化

划定功能分区　　　納入藏風構建　　　

形成產業園區　　　形成特色街區　　　

最美吾屯

青圩无忧，绿水长流

二等奖

【参赛院校】南京工业大学建筑学院

【参赛学生】

曹　越　　　何仙芝　　　王凤鸣　　　陈　盟

字月婷　　　吴相礼

【指导老师】

王江波

作品介绍

一、基地概况

1. 基础现状

青圩村是江苏省南京市溧水区洪蓝街道青峰村的九个自然村之一，距洪蓝街道西部7km，区位优势明显，基础设施较为完善，自然环境优良。青圩村处于丘陵地带，村庄建设用地南部为大面积的圩田，圩田被圩堤所环绕，再往南就是石臼湖。村西和村北为大面积的绿色旱地，村东紧临仓口河。青圩村主要发展的产业是水产养殖业，分布在村南部靠近石臼湖的圩田以及村内流过的仓口河沿岸区域。青圩村知名的文化是青圩大马灯，青圩村民年年都要进行跳马灯表演，寓意风调雨顺，五谷丰登，人口平安。

2. 问题总结

（1）乡村节点质量存在问题，价值低下；

（2）城乡—乡乡节点之间要素流动不畅，发展固化；

（3）乡村节点活力匮乏，特色缺失。

二、规划发展策略

聚焦现状问题，并结合"十四五"上位规划提出的乡村振兴要求，引入"流"理论，即节点之间的多元资源要素跨空间的自由流动，将"流"理论融入乡村发展，内化成"留"乡、"流"乡和"鎏"乡三种振兴乡村的策略，作为规划的框架与问题的解决思路。

策略：三乡共建

设计思路

1. "留" 乡——聚焦乡村节点质量问题与价值提升

视野留意乡村、留住乡村，对青圩村产业进行升级改造，基础设施完善以及对于村庄生态的修复。

（1）产业：开展圩田共生农业，以圩田螃蟹养殖产业为基础，改进成为复合立体共生的农业模式，促进资源的高效利用、环境的有效保护和产值效益的大幅提升，促进乡村经济的发展。

（2）社会：完善基础设施，改善道路条件，提升村庄教育，促进城乡设施均等化、公平化。

（3）生态：治理水污染，实行水修复，开展源头减量、过程拦截与净水处理。开展村庄雨洪管理多样空间整治，完备洪涝灾害预防措施，努力提高村庄的生态韧性。

2. "流" 乡——城乡一乡乡多节点多要素自由流动

城乡一乡乡展开多节点的各要素流动，形成丰富的节点网络结构，打通乡村闭合孤立的要素通道，推动青圩乡村节点在大环境下的快速提升。

（1）产业流动：对现有产业链进行延伸丰富，将流动模式融入产业的上中下游，打造订单模式下的绿色有机农业产业链，注重供需方的信息交流，物质要素的流动以及信息的反馈。搭建出节点互通的信息平台，协调城乡一乡乡的产业发展，消除节点间的信息差异，调整乡村的生产结构。

（2）社会流动：重点关注组织流、土地流、人流，完善现有村组织，设置新流动制度，促进组织的资源整合化、主体多元化、节点复合流动化。土地流转采用更流动互通的 "股田制"，更能促进土地的城乡一乡乡效益较高的流转与村民经济的提升。打通更流动的人才市场，为专业人才和返乡劳动力提供更多支持与优待，让劳动力要素更方便快捷地流向乡村。

（3）生态流动：促进城乡生态流动，构建 "城—乡—湖" 的复合生态流动模式，以水系为依托，联系城、乡、湖节点，点线面构成生态流动的格局，促进城市资金、生态信息、生态保护技术向乡村的流动，在流动范围内实施一体化的保护修复，开展统一的生态规划。乡村内部的生态流动采用 "河—圩—居" 的复合生态流动模式，促进三者的互相作用，以圩为节点，以河为桥梁，以居为氛围，营造圩田生态流空间。同时重点关注生物多样性在 "河—圩—居" 的复合生态流动模式下的流动促进作用。

3. "鎏" 乡——提升乡村活力特色与品质生活打造

对乡村建筑质量、街巷布局等进行考察分析，并对其进行改造优化，结合文化传统进行景观设计，以提高居民生活品质。

（1）空间布局：旧屋改造更新，结合当地文化传统对立面进行统一设计，解决建筑类型多样、立面杂乱的问题。街巷规划梳理，运用退屋让绿、统一立面、层次优化等手法使布局更加合理清晰，同时采取沿路凿沟、设施更新等措施提高村庄防洪系统。

（2）生活场所：设计公共活动节点，兴建村史陈列馆、产业直销交易中心、共享书吧、村民活动中心等场所，促进邻里交流，丰富日常生活。

（3）景观规划：街巷空间增设绿地空间、休憩空间，考虑人文要素，结合当地文化，进行滨水空间、圩田景观设计，以滨水广场为中心沿着圩田河流等布置观景走道，增加村民活动场所，同时也可作为洪涝监测流线中的一部分，实现人与自然融合。

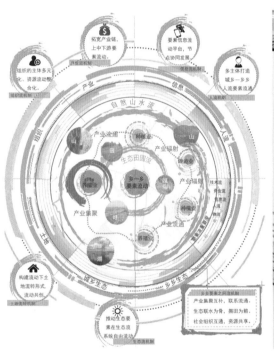

流动模式示意

滨水走道

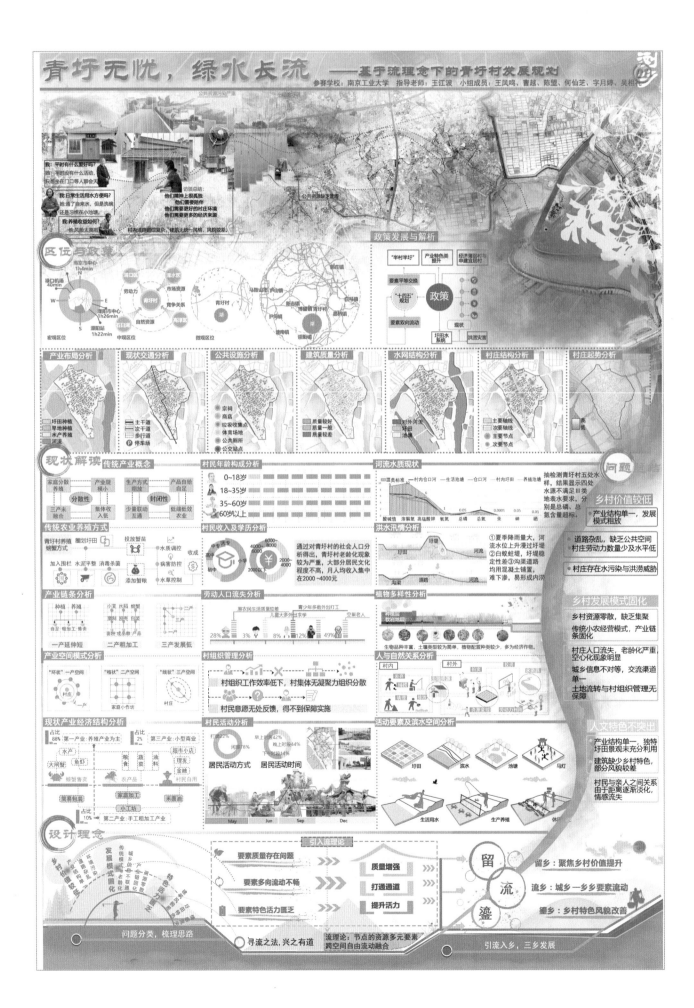

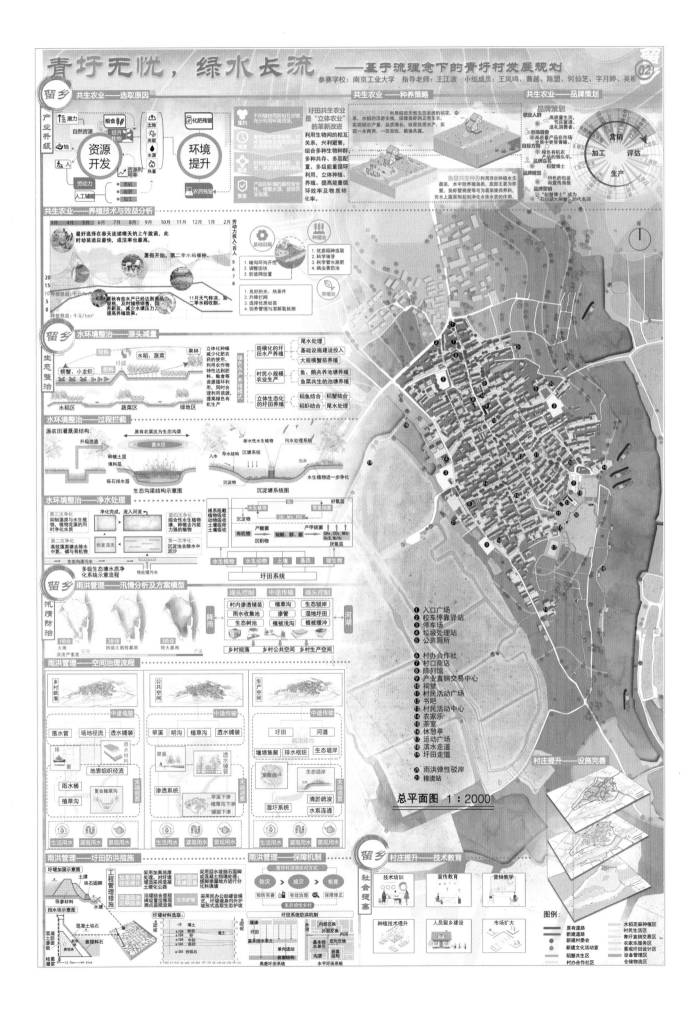

青圩无忧，绿水长流 ——基于流理念下的青圩村发展规划

参赛学校：南京工业大学　指导老师：王江波　小组成员：王凤鸣、曹越、陈盟、何仙芝、字月婷、吴柜

总平面图 1：2000

① 入口广场
② 校车停靠驿站
③ 停车场
④ 垃圾处理站
⑤ 公共厕所
⑥ 村办合作社
⑦ 村口商店
⑧ 陈列馆
⑨ 产业直销交易中心
⑩ 祠堂
⑪ 村民活动广场
⑫ 书吧
⑬ 村民活动中心
⑭ 农家乐
⑮ 茶室
⑯ 休憩亭
⑰ 运动广场
⑱ 滨水走廊
⑲ 圩田走道
⑳ 雨洪弹性驳岸
㉑ 排涝站

青圩无忧，绿水长流——基于流理念下的青圩村发展规划

参赛学校：南京工业大学　指导老师：王江波　小组成员：王凤鸣、曹越、陈盟、何仙芝、字月婷、吴相桐

流乡逻辑示意图
产业要素流动 / 社会要素流动 / 生态要素流动

城乡单项节点　城一乡网络节点　城一乡一乡网络节点

产业流——产业链流动模式策划

1. 生产前：供需方信息交流，需要签订契约，确定生产内容。——契约
2. 生产中：物质要素流动，进行生产活动，供需用信息交流根据市场需求调整生产内容。——交换
3. 生产后：生产活动信息反馈，调整生产内容、质量，改进生产技术。——反馈

契约签订主体：青圩+加工、电商、生产基地+企业、城市

要素交易主体：
农户+苗种培育基地
农户+深加工企业
农户+新型农民合作社
农户+仓储物流企业
农户+经销、批发市场

交换信息内容：
农户产品养(种)殖情况
物流运输、仓储信息
市场消费偏好

信息反馈主体：
农户→农产品需求方
农户→鱼、蟹培育基地

流动模式下订单农业产业链
上游：苗种培育 / 优质产品采购
中游：产品加工 / 冷链物流 / 仓储服务 / 技术支持 / 农事培训 / 营销管理
下游：电子商务 / 直播销售 / 当地食材供应

信息流——搭建节点互通信息平台
协同城乡产业　完善基础设施
消除信息差异　优化信息内容
调整生产结构　拓宽技能培训　激活浏览兴趣

信息传播慢、传播设施差、文化水平低、信息接受少、信息类型少、信息更新少、热点捕捉慢

系统配置 / 社区事务 / 电子商务
事务管理 / 用户管理

组织流——流乡节点组织构建
构建村组织 / 资源组织 / 多元主体 / 监督村民村委

产业全方面支持村组织运作，积极接受监督审查

城乡一乡乡要素流动模式展示
1. 组织的主体多元化、资源流动整合化。——组织流机制
2. 拓宽产业链，上中下游要素流动。
3. 要素信息流动平台，节点协同发展。
4. 多主体打造城乡一乡乡人流要素流通。——人流机制

自然山水流 / 生态田园流
产业流通 / 产业集聚 / 产业辐射 / 产业流建
乡一乡要素流通
山 / 田 / 圩 / 湖

土地流——土地流转新经营制度
土地入股"股田制"或股份合作经营

土地股份公司建立：
农民资源以土地承包经营权入股
建立股份有限公司
公司制定完善章程及管理制度
公司统一组织管理，并统一监督

运行机制：实行利润分红 / 取消入股农民参与生产 / 统一组织生产 / 自行组织种养生产 / 统一产品品牌 / 与开发商、企业等直接对接

利益连接：公司以入股土地实行"利润+分红"分配机制

人流——主体要素节点自由流动
①完善基础设施建设，保障医疗教育　②至持绿色有机农业产业发展

提供较好的工作生活环境、补贴资金提高待遇
乡土人才奖励，为本乡人创业提供资金技术扶持
优质返乡人员提供补贴

多要素节点流动共生机制
就业机会 / 陆运物流 / 企业投资
技术支持 / 航空物流 / 土地承包
实现人才、价值间的转换 / 促进城乡间要素互动 / 城乡协调发展
人才 / 技术 / 信息 / 价值

乡乡要素之间流动机制：产业集聚互补，联系互流通，生态联水为骨，拥田为骼，社会组织互通，资源共享。

生态流——城乡节点生态要素流动
城市 / 乡村
资金流、技术流、信息公开互通、生态防一规划、生态监督
"城一乡一湖"复合型流动
水系为依托联系城乡生态、点线面合成生态流动格局、构建城乡生态一体化绿带、营造城乡生态流动模式

生态流——乡村节点生态要素流动
"河一圩一居"复合型乡村生态流动模式
河流 / 圩田 / 居住
"河一圩一居"生态流动模式营造
河 / 圩 / 居

生态流——乡村生物多样性流动模式

城乡生态流动，互相积极影响一体化保护与建设，促进节点生态发展

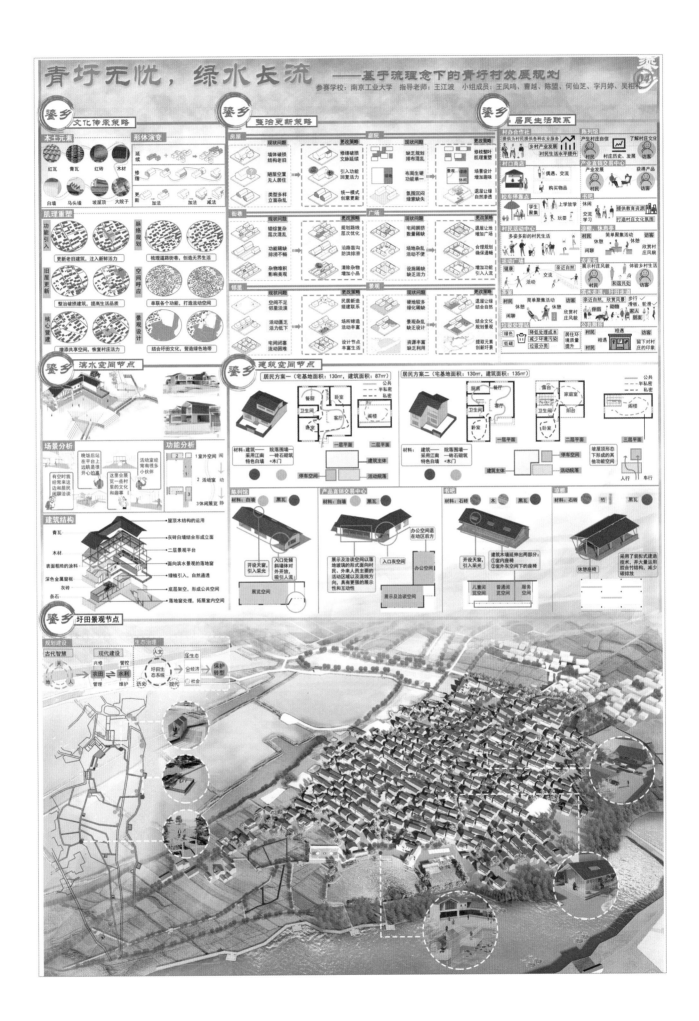

◇ **古村西学学无涯**

【参赛院校】 郑州大学建筑学院

【参赛学生】

丁香茹　　　　梁　生　　　　丁东方　　　　尚靖植

陈梦欣　　　　卢富源

【指导老师】

刘韶军

作品介绍

一、基地概况

1. 基地区位

鸠山镇位于河南省许昌市禹州市西部山区，东与文殊、方山镇搭界，南与磨街镇毗邻，西部、北部与汝州市、登封市接壤。西学村位于禹州市偏南，总面积8.2km²，西与汝州相临，南与郏县接壤。其地处山区，为伏牛山系，属丘陵、浅山区地貌，地势西高东低，中间有关西河穿过。

西学村地理位置优越，村域旅游资源丰富，南傍金山，北倚雪山，全村被生态林、经济林所覆盖，属森林氧吧，有许昌第一谷的美誉。西学村的西北部有国家4A级著名旅游景区大鸿寨风景区，大鸿寨主峰高1156m，有摘星楼、龙泉谷、龙泉寺、情人谷、千佛洞等旅游资源，是集山、水、林、洞为一体的自然生态旅游区，每年客流量已成一定规模，且有较大的进一步发展潜力。大鸿寨景区将为西学村未来的旅游发展助力。

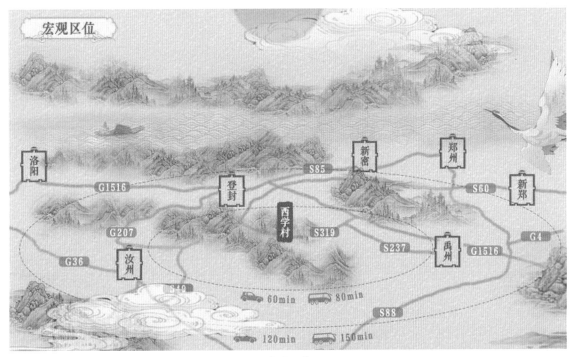

宏观区位

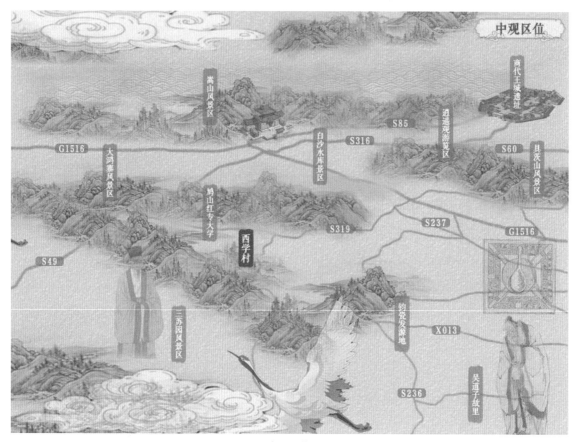

中观区位

综合现状

2. 特色资源

西学村位于大陆季风气候区，热量资源丰富，雨量充沛，光照充足。地处两座高山中间的峡谷区域，村民自然散居于河道两旁，呈带状分布。村中有徐大户院、老庄老宅、西学老宅、董家大院等传统民居，多建于清末民国，依着山势，错落有致。独特的地质地貌使西学村形成一道奇特的自然风光，尤其是被赋予了丰富人文情怀的"九门九关"，深刻地反映了西学悠久的历史和文化。除此之外，西学村有颇为人们称道的古槐树群，现存仍有七棵散落分布于村落间，树龄均有五百多年之久，棵棵枝繁叶茂。

特色资源分布

二、现状问题梳理

村庄主导产业尚未形成：目前以粮食种植为基础，个人年收入不足万元。

村庄文化旅游资源优势尚未充分利用：西学村作为许昌第一谷，拥有大量自然资源和文化资源，与之相关的旅游资源未得到充分开发利用。

保护与发展的矛盾日益明显：部分村庄居民保护意识薄弱以及无新宅基地规划，使得村庄中有价值的传统建筑在逐年减少，缺乏修缮，受到了不同程度的损毁，历史遗存的价值严重流失。新建村民住宅对传统村落格局风貌的侵蚀严重。

非遗文化传承手法落后：西学村的一些非物质文化遗产正在接受冲击，部分非物质文化遗产现今只存在于老一辈村民中，随着社会习俗的改变，逐渐被人遗忘。

村落资源

理论演变

三、资源整合

西学村的文化资源、自然资源、产业资源较为丰富，但比较散乱、不成系统、未被合理发掘利用，需要与其他的历史环境要素进行梳理整合，以便挖掘利用。

四、规划策略

从事事可学、处处可学、人人可学、时时可学四个方面阐述西学村的"学习型"主题。其中，事事可学主要包括自然教育、产业教育、文化教育三个方面；处处可学则包括正式的教育空间（学堂）与非正式的教育空间（农事教育、家庭教育、孩童上学路上等各个空间场所），依托西学村悠久的发展教育历史，将西学的可学空间高效贯通；而人人可学则从孩童、居民、游客三个层次入手，为角色不同的人们挖掘出适合他们的可学之策。通过时时可学，进一步强化每一天、每一年、每一生的学习意识，从而进一步加强西学之学的氛围。

五、规划方案

村民公共活动中心：结合村庄文化元素打造公共场所，以满足村民、游客日常休憩、驻足停留的需求。重点打造读书亭、西学书屋、进士院等突出西学村"学"主题的公共活动场所，在满足人们生活需求的同时强调"学"文化。

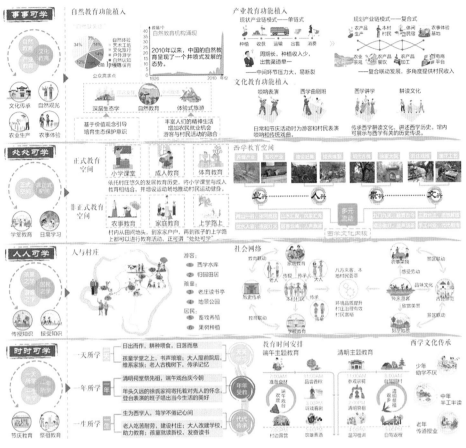

规划策略

游览路线：结合西学村特有的自然资源，包括"九门九关"和古槐树群以及沿村庄主路的水系打造丰富的游览线路。

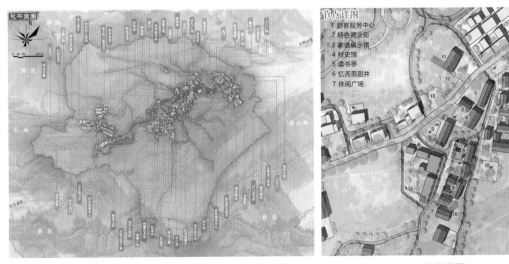

总平面图　　　　　　　　　　节点详图

　　非物质文化遗产保护与传承：主要包括对根雕艺术馆、根雕广场、民俗文化广场等非物质文化相关场所的打造。通过打造非物质文化片区，强调非物质文化遗产是传统村落发展中的重要环节，要重视对非物质文化遗产的保护与传承，它是传统村落宝贵的财富，要合理挖掘利用。

六、详细规划说明

学习内容

学习空间

学习线路

学习线路分析

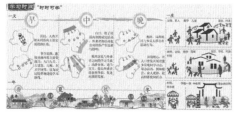

学习时间

学习时间分析

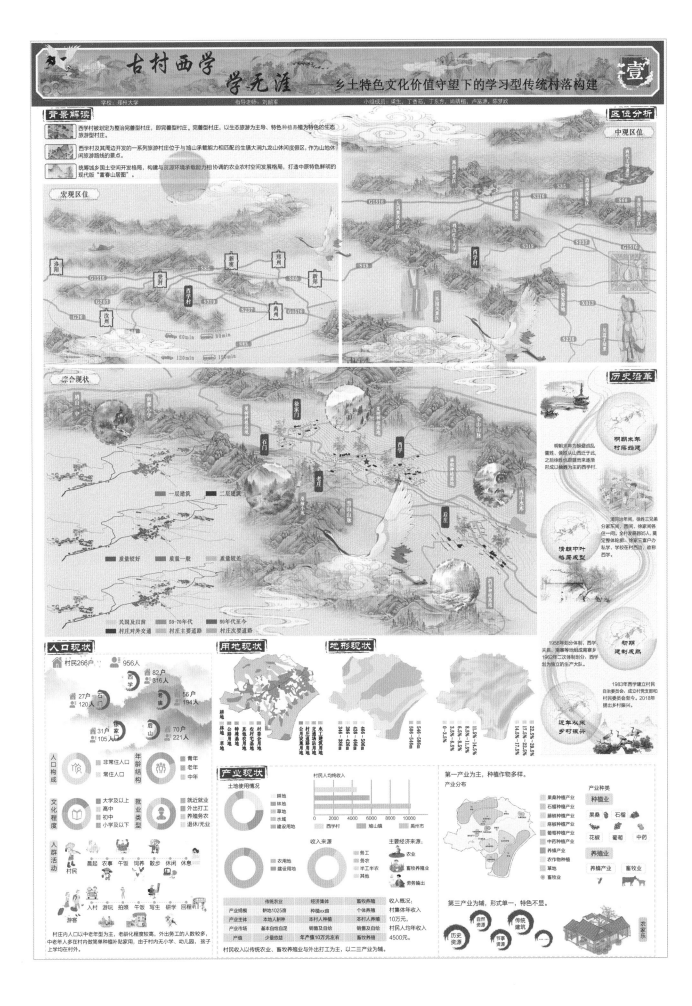

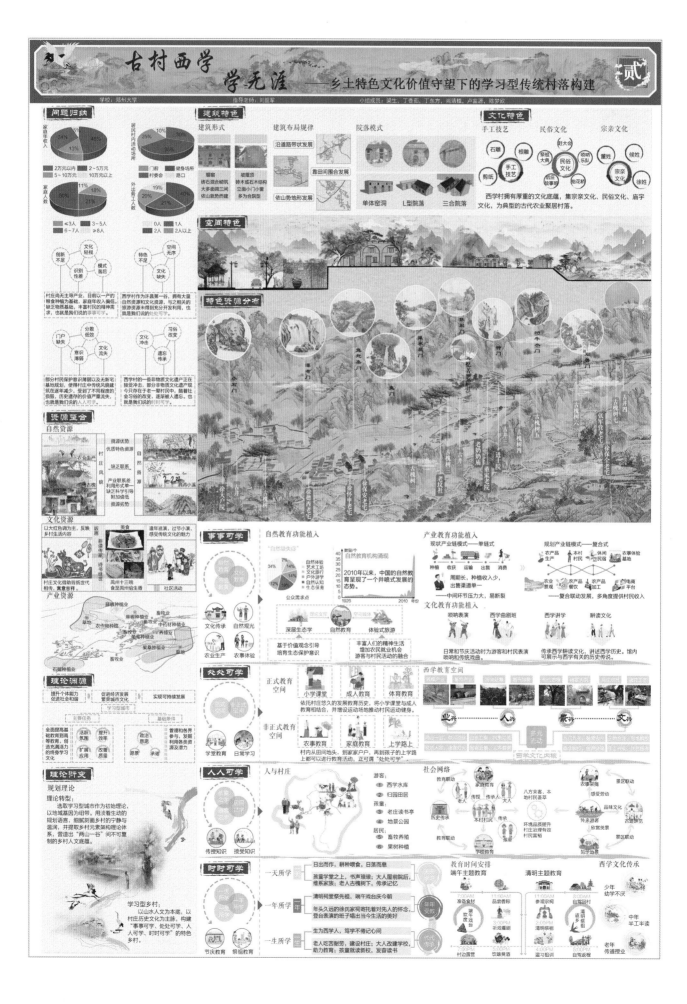

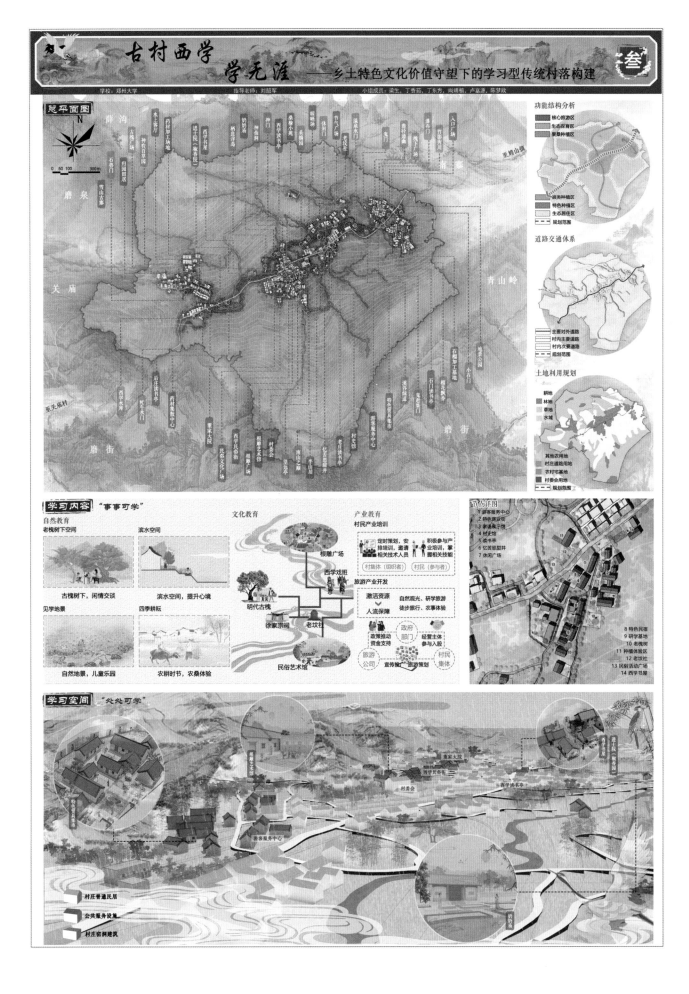

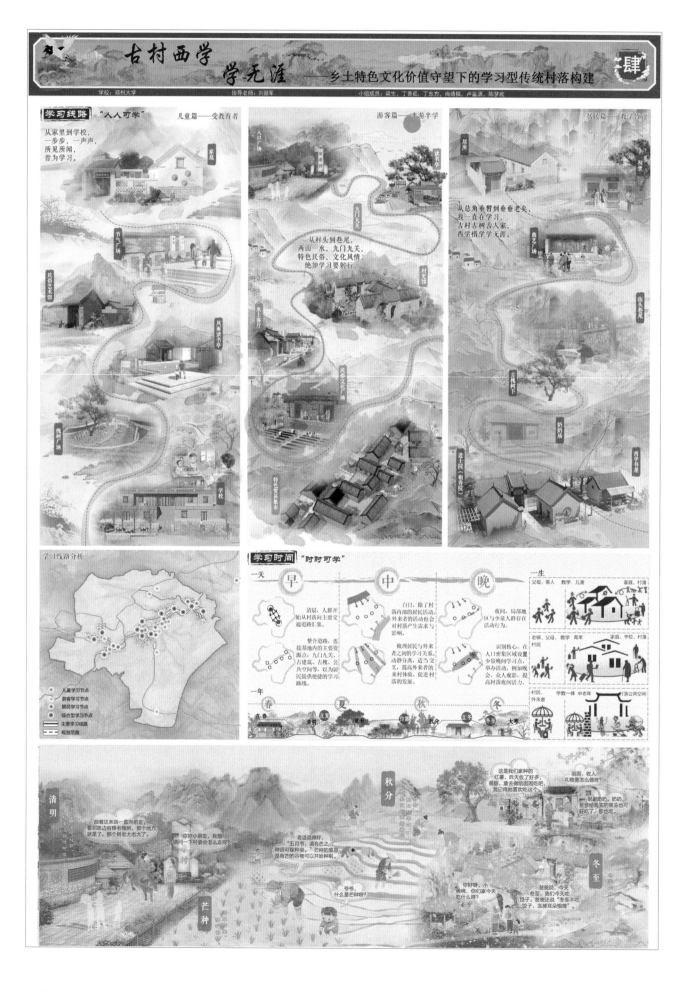

忆万里东归，绘赛罕陶来

二等奖

最佳研究奖

【参赛院校】 内蒙古工业大学建筑学院

【参赛学生】

陈俊旭　　　　胡　媛　　　　党　慧　　　　吴亚玲

王嘉雯　　　　张梦圆

【指导老师】

荣丽华　　　　王　强

▦ 作品介绍

一、初探额济纳

单车欲问边，属国过居延。

征蓬出汉塞，归雁入胡天。

大漠孤烟直，长河落日圆。

萧关逢候骑，都护在燕然。

这是唐代诗人王维奉命赴北疆慰问将士途中所作的一首纪行诗，寥寥诗词将出使北疆塞外的风光展现淋漓尽致，而诗中的"过居延"正指现今内蒙古额济纳旗居延海。

此次规划设计所选取村庄正是位于内蒙古自治区阿拉善盟额济纳旗巴彦陶来苏木的吉日嘎郎图嘎查，嘎查位于祖国的北疆，是一个具有浓厚蒙古族特色及悠长历史文脉的村庄，地处独特的荒漠草原及世界三大胡杨林域中，是构筑我国北方生态屏障的节点中的重要一环。

盛夏金黄沙漠高温逼人，相伴随的是巴丹吉林沙漠的驼铃悠悠，照映的是那连绵的额济纳的千年胡杨林，沙漠一叶扁舟的居延海、砂砾中黑城遗址的孤寂沉浮、土尔扈特东归历史传奇，无不诉说着丝绸之路上那醇厚的北疆草原情。

二、嘎查概况与现状分析

吉日嘎郎图嘎查位于额济纳旗的巴彦陶来苏木的胡杨林林区内，嘎查是额济纳旧土尔扈特部始祖回归后的旧址。近年来，嘎查坚持"绿水青山就是金山银山"的发展理念，农牧民积极

实景照片

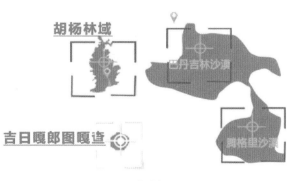

现状分析

响应政府退耕退牧号召，积极保护和恢复胡杨林区生态环境，并依托嘎查特有的土尔扈特文化资源，积极探索"生态＋旅游"发展模式，推出自驾车房车宿营地、特色主题房屋、精品民宿接待、民俗风情旅游、休闲农牧业等旅游产品，让生态、文化优势转化为经济优势，使嘎查每家每户都从中受益。

吉日嘎郎图嘎查建于沙漠中的绿洲——额济纳三角绿洲的茂密胡杨林之中，村域四周有牧场环抱，地形为荒漠、沙漠、山丘，嘎查内多成组成团的百年胡杨扎根。戈壁地形与地面覆盖的植被相间。地势较为平缓，最大落差在100m之内。村庄坐北朝南，负阴抱阳。村庄之东西被碧绿的瓜田围绕，视野开阔、敞亮舒爽。视线范围内无较高山体、坡体。村落居民点顺应自然地势，村中有半农半牧的居民集聚居住，周边也有以牧业为主的牧户散居。

三、理念生成

生态兴则文明兴，生态衰则文明衰。吉日嘎郎图嘎查位于内蒙古西部，生态环境较为恶劣。通过对旗县和嘎查的调研，了解到该地区历史文化底蕴丰厚，旅游资源丰富，具有民族地域特色。

设计以丝绸之路、东归圣地为历史文化背景，以胡杨林、居延海为生态依托，以蜜瓜种植、骆驼养殖等为致富路径，最终达到产业兴旺、生态宜居、乡风文明的乡村振兴目标，打造"胡杨—骆驼—人"和谐共生的荒漠草原地区的人居适宜性乡村。

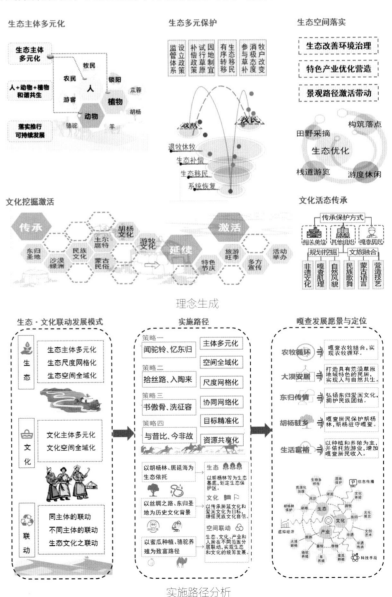

理念生成

实施路径分析

四、效果展示

嘎查效果图

嘎查鸟瞰图

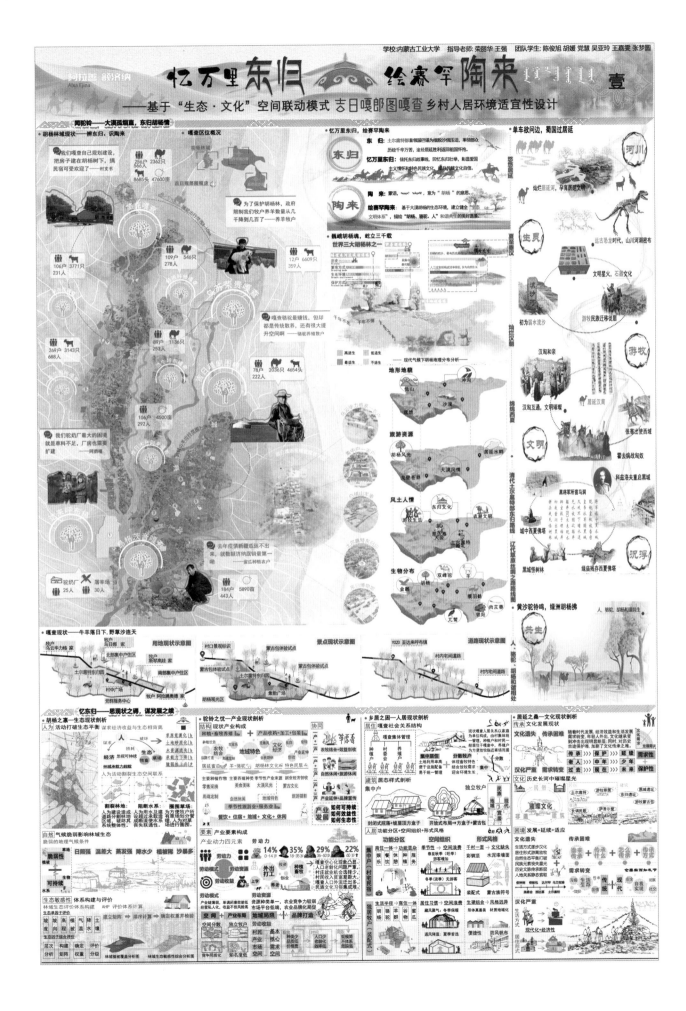

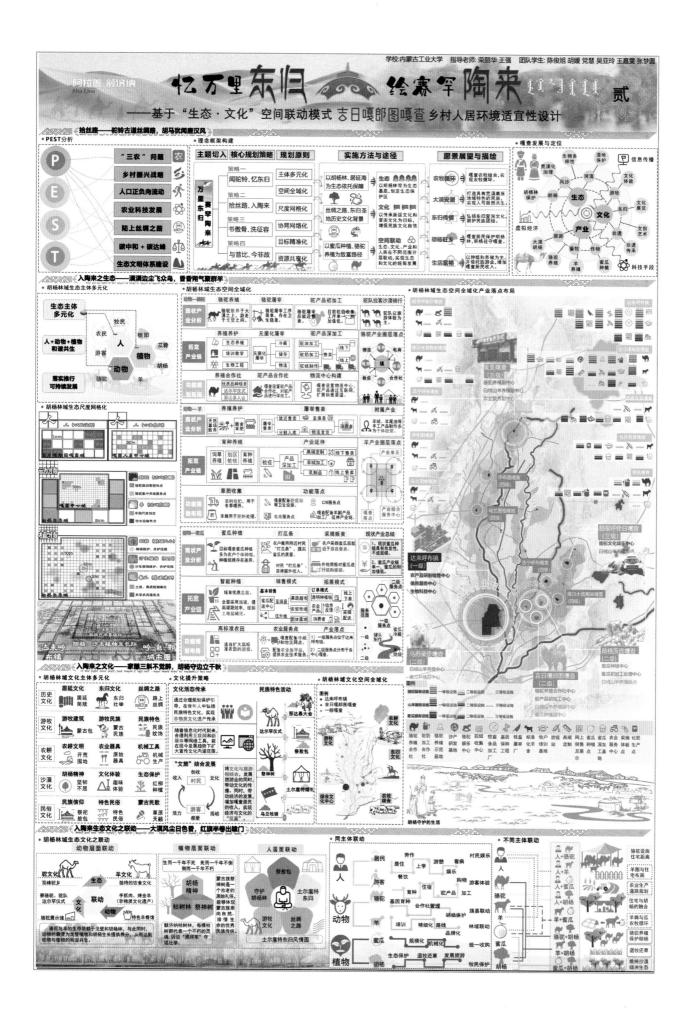

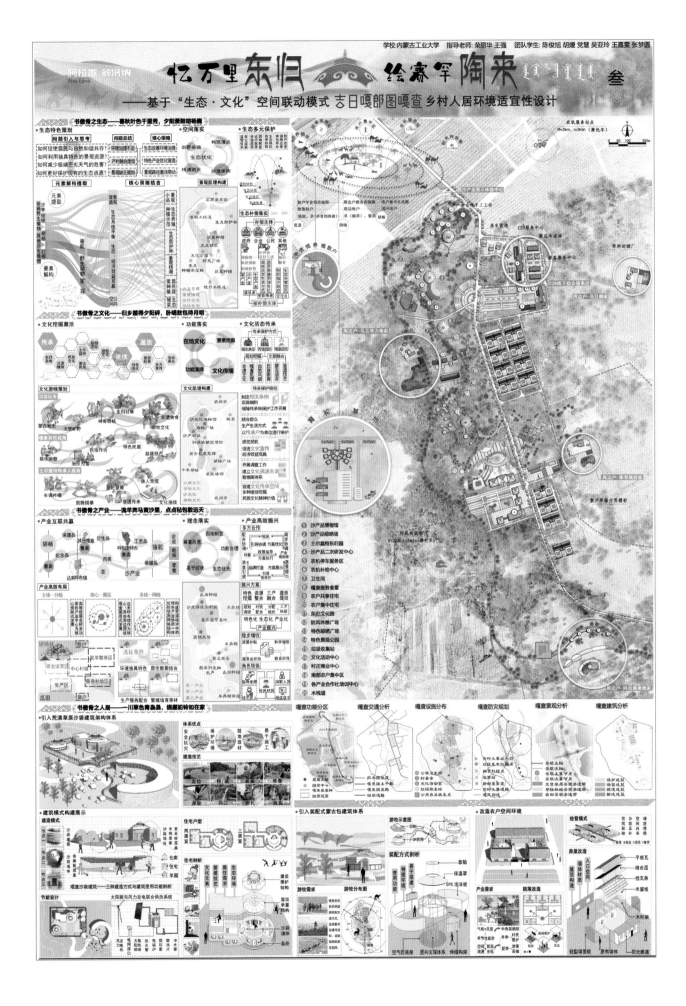

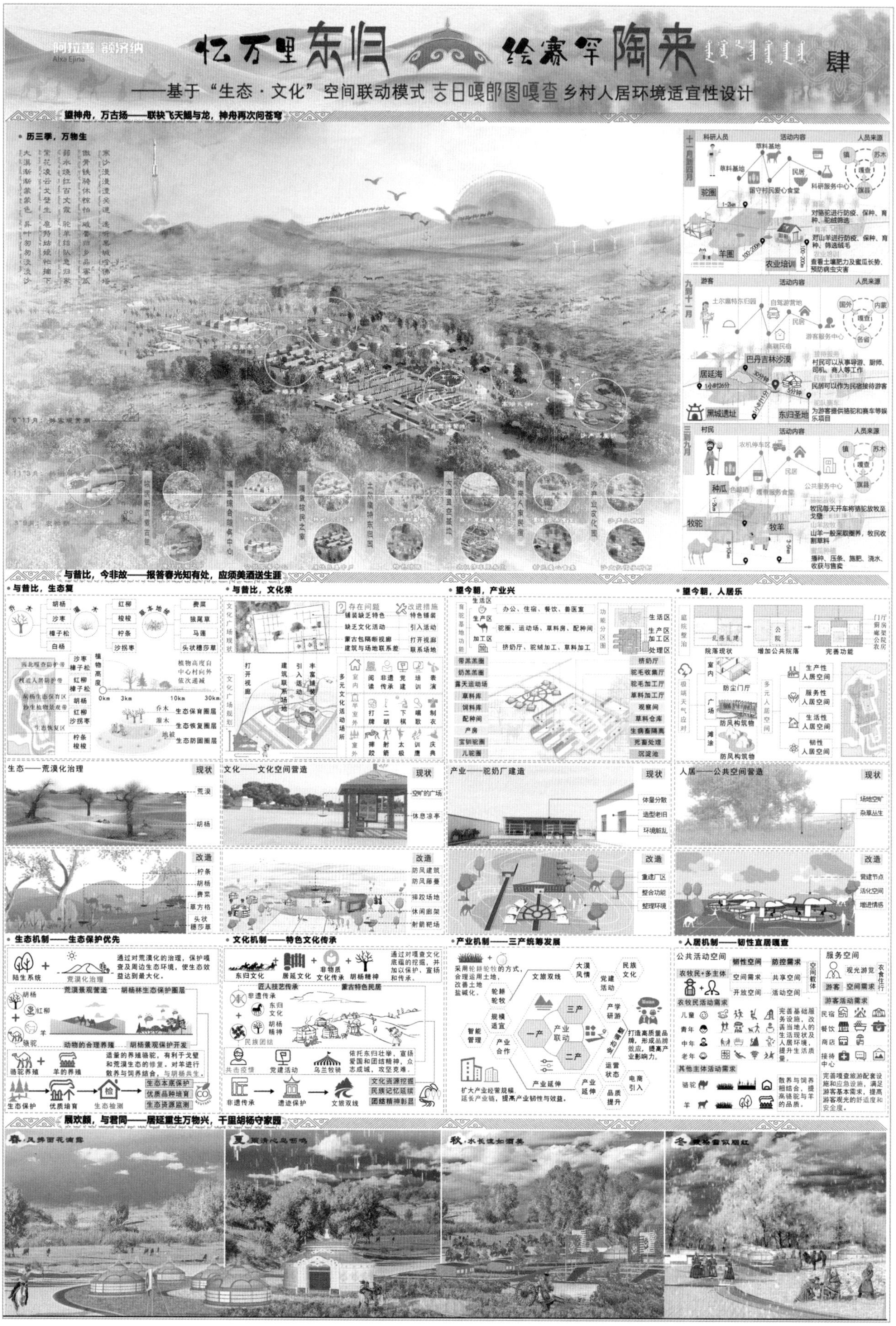
阿拉善 额济纳
Alxa Ejina
忆万里东归 绘赛罕陶来
肆
——基于“生态·文化”空间联动模式 吉日嘎郎图嘎查 乡村人居环境适宜性设计
望神舟，万古扬——联袂飞天鲲与龙，神舟再次问苍穹
历三季，万物生
与昔比，今非故——报答春光知有处，应须美酒送生涯
与昔比，生态复
与昔比，文化荣
望今朝，产业兴
望今朝，人居乐
生态——荒漠化治理
文化——文化空间营造
产业——驼奶厂建造
人居——公共空间营造
现状
改造
生态机制——生态保护优先
文化机制——特色文化传承
产业机制——三产统筹发展
人居机制——韧性宜居嘎查
展欢颜，与君同——居延重生万物兴，千里胡杨守家园
春·风拂百花满露
夏
秋·水长连如画卷
冬

麓巷入画，劃中取境

二等奖

最佳表现奖

【参赛院校】 苏州科技大学建筑与城市规划学院

【参赛学生】

潘启烨　　　　秦华源　　　　张　晨　　　　程菲儿

林志鸿　　　　梁瑞宸

【指导老师】

王振宇　　　　范凌云　　　　刘宇舒

作品介绍

一、基地概况

陆巷村位于江苏省苏州市吴中区东山镇北部，距镇中心 13km，东至莫厘尚锦村，西接杨湾石桥村，南靠嵩山，北临太湖，与洞庭西山隔湖相望，总面积 719hm²。

陆巷古村是一个极富人文景观资源的江南民居村落，具有依山傍水的独特地理位置，以及一街六巷的村落格局，数量众多的明清建筑宅院。这些都是陆巷古村独具价值的资源优势。陆巷起于聚族而居，显于王氏，是"武将出身，经商起家，科举显世"的中国传统乡土文脉的典型代表。陆巷现有明代建筑 19 处，面积 6182.2m²；清代建筑 15 处，面积 11514.3m²；传统建筑面积 13044.7m²。村落内大部分建筑至今保存完好，单体形制多样，一定程度上反映了江南地区明清时期的民居风貌。

二、设计理念

"规划"同"规劃"，"规"为大夫之见，"劃"为画界之刃。本次设计采用"劃中取境"的概念，将"气韵生动、骨法用笔、应物象形、随类赋彩、传移模写、经营位置"等绘画技法转译为空间设计方法,对一街六巷三港等历史保护建筑进行原有功能恢复和更新,展示时代背景下的陆巷特色文化的多元发展,构成一幅水墨淋漓的"太湖第一村"之陆巷画卷。

卷一:探幽陆巷,偶拾画卷

卷二:传移摹写,格物致知

卷三:写意泼彩,叠整聚细

卷四:画境新生,雅俗共赏

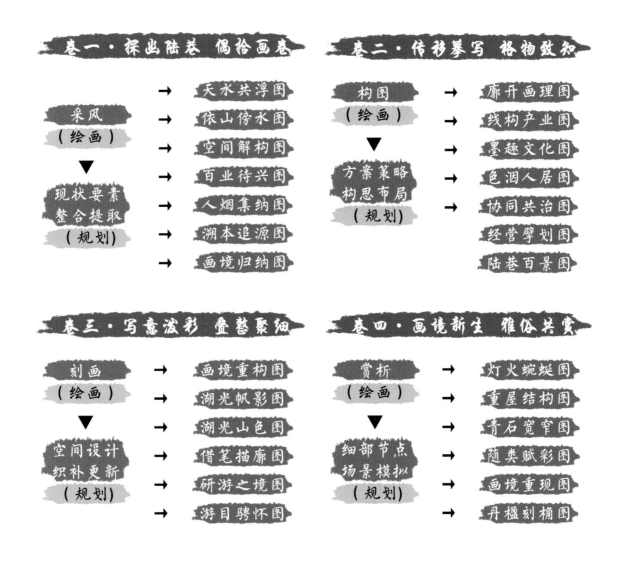

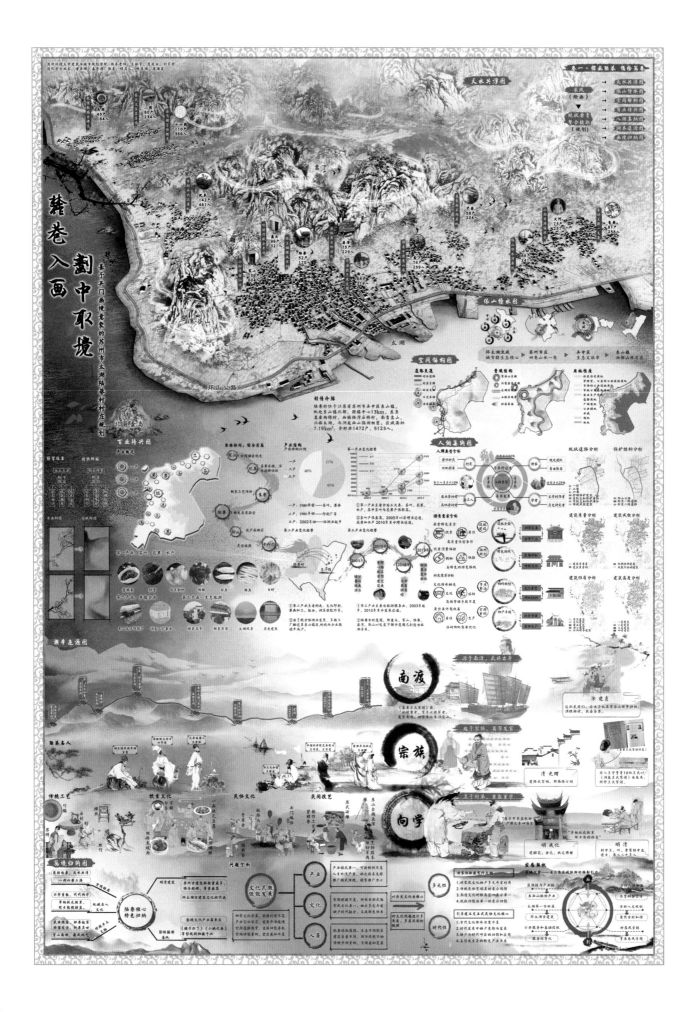

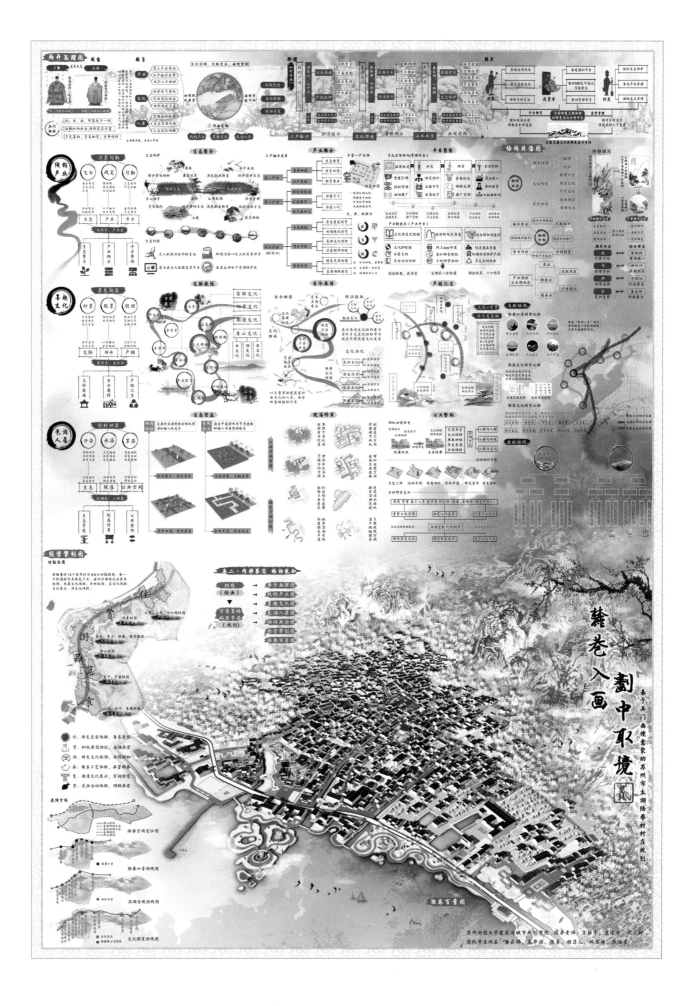

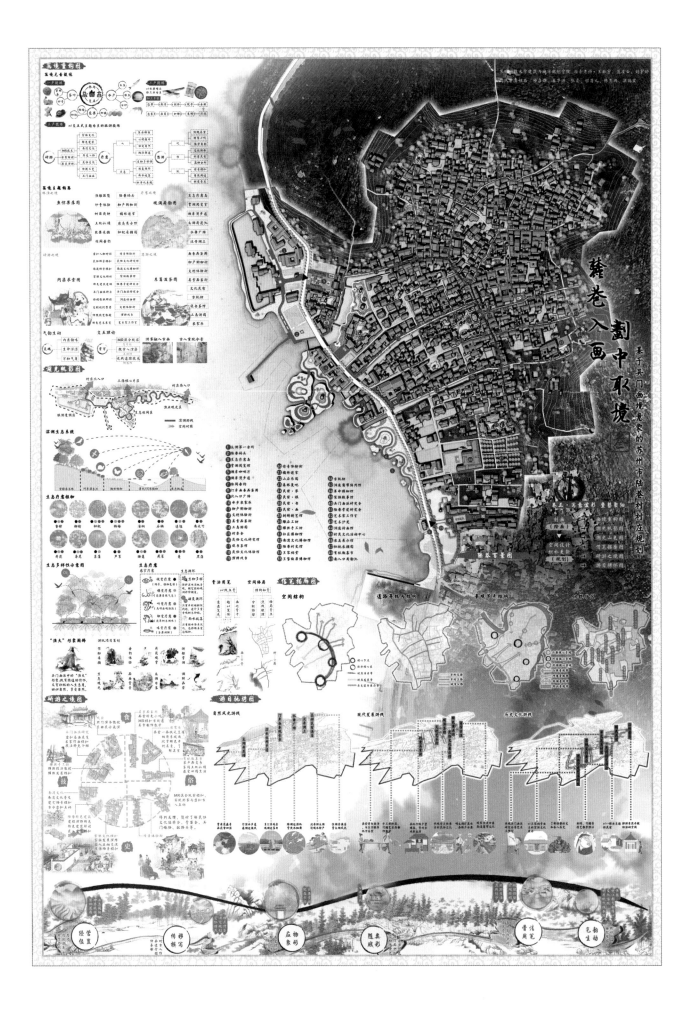

蕹巷 劃中取境 入画

基于吴门画境意象的苏州市陆巷村村庄规划

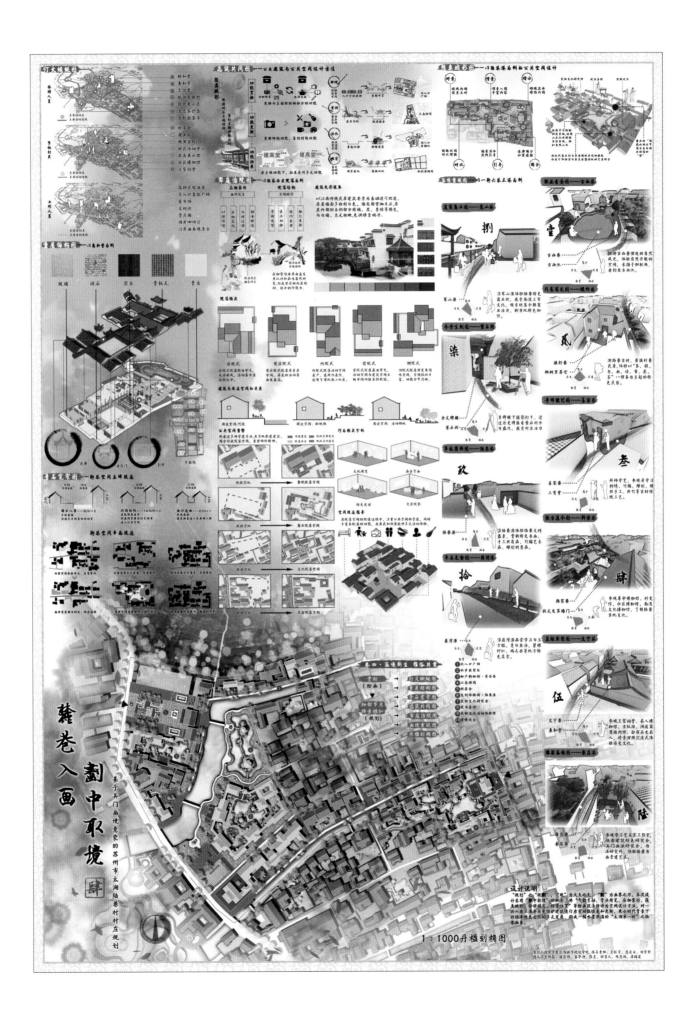

1：1000开槛割桶图

道韵 · 麓北 · 话乡居

二等奖

【参赛院校】 长安大学建筑学院

【参赛学生】

史润雨　　　　王　玥　　　　白栋辉　　　　陈诗涵

李青泽　　　　陈　粟

【指导老师】

段亚琼　　　　李　兰　　　　侯全华

作品介绍

一、闻道：现状调研

殿镇村始建于唐贞观六年，因村南修建元始天尊的玉清大殿，村西有道教圣地楼观台，村庄位于两殿北侧，取"紫气东来"之意，得名殿紫头；民国初年，周至县府在殿紫头设镇，遂改名"殿镇"。

殿镇村位于陕西省西安市周至县集贤镇，秦岭北麓终南山脚下，西有田峪河，东临赤峪河。秦岭北麓土地肥沃，水资源丰富，动植物种类繁多，周边旅游资源丰富，南靠秦岭国家植物园，西临楼观台道文化与生态森林旅游区、曲江道文化展示区，北有赵公明财神庙。《大秦岭西安段生态环境保护规划（2011—2030）》中将山脚线（25度坡线）至环山路以北1000m区域划为生态协调区，殿镇村位于此范围内。

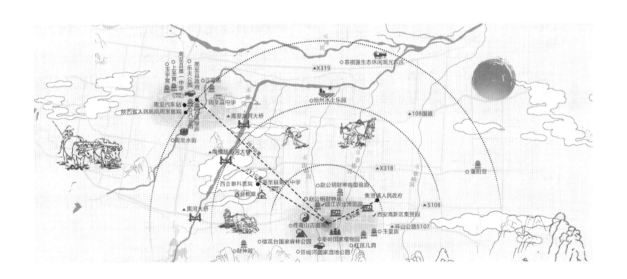

二、问道：特征总结

2007年以来，殿镇村土地流转为秦岭国家植物园，致使殿镇村流失大量耕地。这一举措打乱了村民千百年来的生活方式，但同时也为村庄带来了转型机遇。

生态层面：2017年秦岭国家植物园建成后不仅完成了秦岭动植物保育任务，同时使整个区域的生态环境更加优越。

生活层面：土地流转后殿镇村迎来了外出务工潮，村内仅留有老年人、儿童及少部分青壮年，村庄失去青壮年导致后继发展无力。

生产层面：土地流转后殿镇村仅剩 65.6hm² 耕地，不足以支撑农业种植业规模化发展。而周边修建好的秦岭国家植物园、楼观台道文化展示区、曲江农业博览园、赵公明财神文化景区等景区为殿镇村带来了无数潜在游客，为殿镇村提供了发展旅游服务业的基础。

三、寻道：规划定位及策略

本次规划设计从道家得失观入手，分析殿镇村现状的"得"与"失"，针对三生空间的特征与问题，因势利导制定规划策略，通过生态环境维育、适老社区营造、康旅产业发展三大策略使殿镇村进入持续发展的循环，循道不息。

四、乐道：规划设计

主要建设项目一览表
1 入口广场
2 民俗文化广场
3 农耕体验园
4 创意工坊
5 民俗美食街
6 养老社区
7 老年照料中心
8 预留宅基地
9 老年活动广场
10 驿站文化展览馆
11 驿站文化广场
12 村委会
13 红色文化展览馆
14 小学
15 文化中心
16 黑河供水站
17 生态康养街区

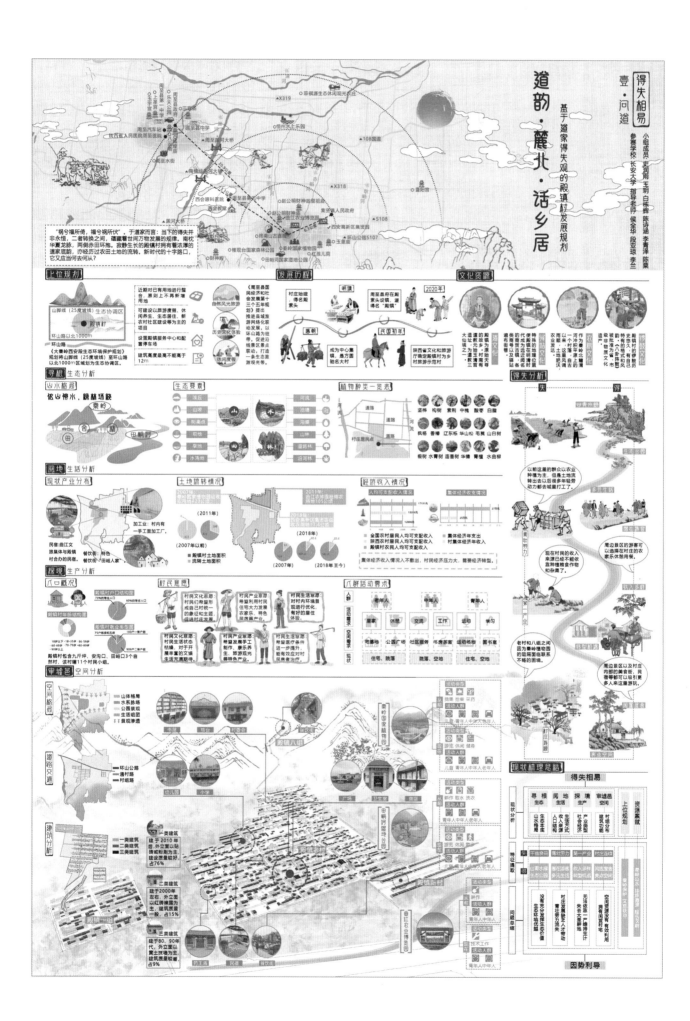

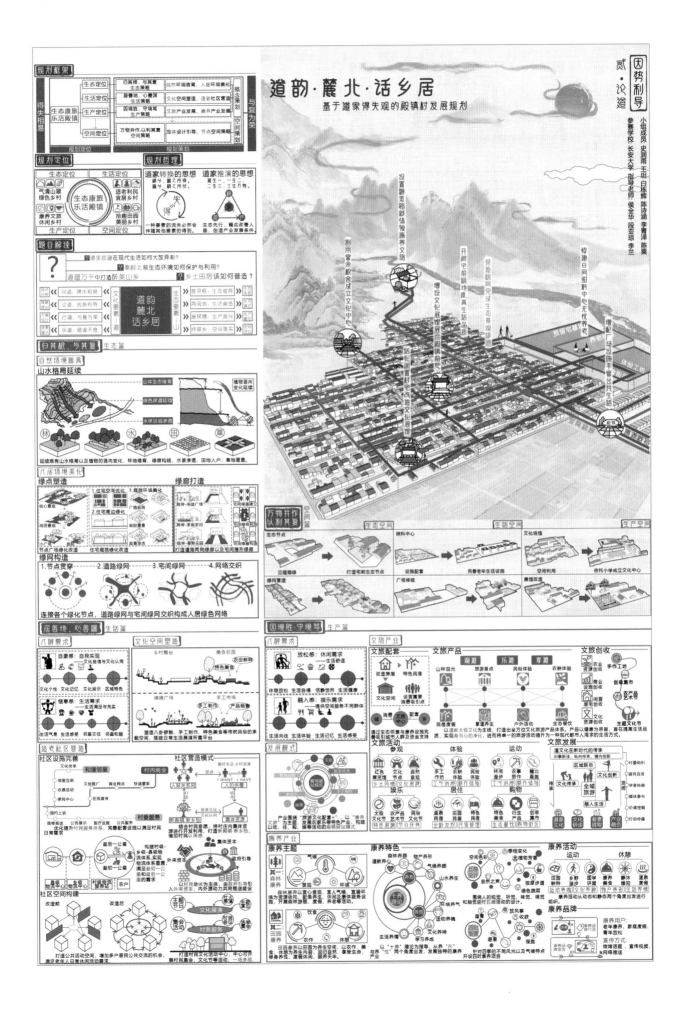

道韵·麓北·话乡居

基于道家得失观的殿镇村发展规划

与复为荣

叁·行道

参赛学校：长安大学　指导老师：侯亚华　段亚琼　李兰
小组成员：史润雨　王玥　白栋辉　陈诗涵　李青泽　陈棠

总平面图

主要建设项目一览表
① 入口广场
② 民俗文化广场
③ 农耕体验园
④ 创意工坊
⑤ 民俗美食街
⑥ 养老社区
⑦ 老年照料中心
⑧ 预留宅基地
⑨ 老年活动广场
⑩ 驿站文化展览馆
⑪ 驿站文化广场
⑫ 村委会
⑬ 红色文化展览馆
⑭ 小学
⑮ 文化中心
⑯ 黑河供水站
⑰ 生态康养街区

设计说明：
道韵·麓北·话乡居。
道韵代表着我们希望充分利用殿镇村浓厚道文化底蕴的意图，一是采用道文化的哲学思路分析殿镇的发展现状，探寻殿镇发展之道；二是打造道家理想世界，为城市居民、本村村民提供美好的康养之所。
麓北体现殿镇所处之地——秦岭北麓，山川秀丽，环境优美，具有打造美好康养之所的生态本底条件；
话乡居则是我们所打造之道家理想社会并非盘无缥缈之仙境，而是融入殿镇乡土文明的产业兴旺、生态宜居的美好家园。

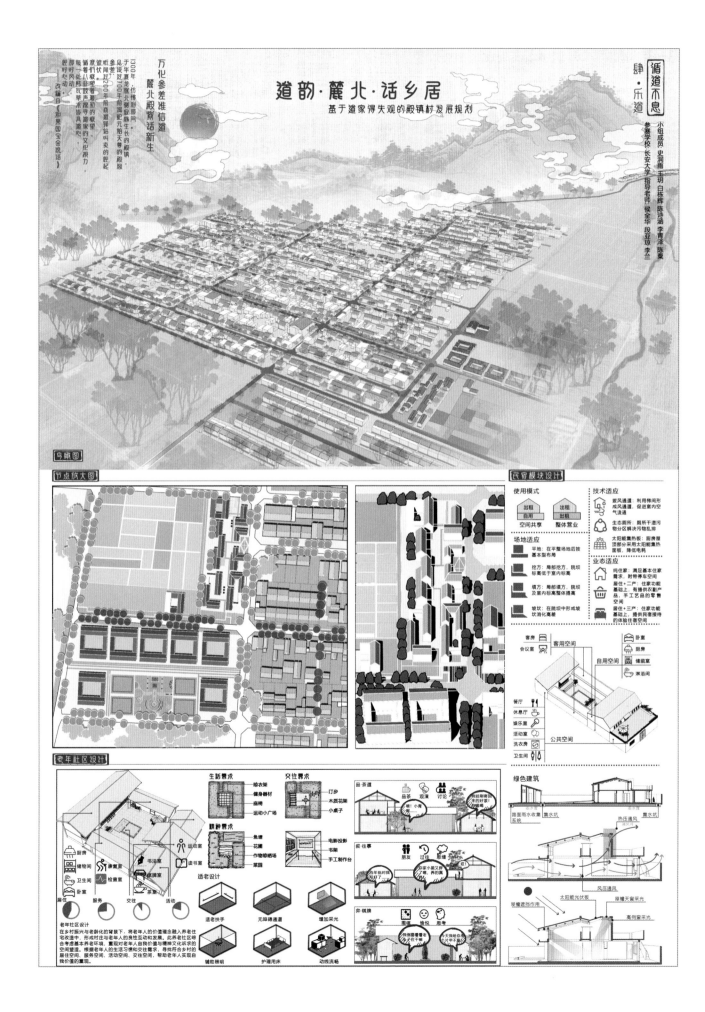

镶红拥绿·"共富"坦歧

二等奖

【参赛院校】 重庆大学建筑城规学院

【参赛学生】

张馨月　　　蒋　川　　　李明羲　　　陶　晗

吴林颖　　　邓皓宁

【指导老师】

徐煜辉　　　田　琦

▦ 作品介绍

在浙江省共同富裕示范区建设背景下，传统的村庄组织方式缺乏村庄发展的内动力，村民参与度低，产业发展缺乏联动与产业链延续的生命力。共同富裕是集体的富裕，是物质和精神都富裕，我们将紧跟 5G 互联网时代，借助数字化手段，实现数字促共富，从产业、文化、居住等多维度实现共同富裕。

一、基本概况

坦歧村位于浙江省温州市文成县珊溪镇，地处浙江南部山区，距温州市区车程一小时。整个村子三面环水，背靠山体，地势西高东低，飞云江在村庄南侧自西向东流淌。村内现有户籍人口 1853 人，633 户。外来人口 155 人，常住人口 1261 人。

二、发展潜力

产业方面：杨梅种植业是本村特色产业，坦歧所属的文成县每年都会举办杨梅节，打响文成杨梅的旗号，倾力打造珊溪杨梅核心基地，打响珊溪杨梅产业 IP。坦歧村作为文成县珊溪镇的重要组成部分，生态优良，土壤条件优越，上位政策引导，具有大力发展杨梅种植业，延伸产业链，加强杨梅附加价值的基础。

文化方面：坦歧村作为文成县老革命根据地，有丰富的红色旅游资源，村内有省级文物保护单位大炼钢铁遗址，还有坦歧革命烈士陵园、朱大孝故居、文成第一个党支部旧址、中共瑞泰边联络站旧址等红色文化资源，在浙江红色文化旅游路线中，以珊溪革命历史纪念馆、珊溪鲤鱼山战斗遗址为主要景点打造省级爱国主义教育基地，并成为景区规划"一核、三地、八区、十线"中"浙南红军寻踪"精品线上的重要一环。除此之外，村里传承的古法制糖、竹篾编织、打铁工艺等为坦歧发展奠定了文脉基础。

三、问题分析

我们将坦歧村的问题和未来发展分为了产业、文化和人居环境三个方面。

产业方面：杨梅产业的季节性导致生产效率低、未形成规模化产业，是杨梅产业实现致富的阻碍因素，产业低端引起人口流失，一、二、三产产业链单调带来村民受益低下，融合型产业链待打造。

文化方面：村内红色文化旅游资源丰富，但是传承薄弱，分布散漫未形成流线串接，以及外包旅游公司入侵引起村落发展的内动力不足；需要对资源进行整理完善，让村集体形成自己的文化宣传旅游管理体系。

人居环境方面：坦歧依山傍水，原生环境优越，但是部分房地产公司入侵破坏自然肌理，老街空间混杂，缺乏交往休憩空间，建筑闲置率高。

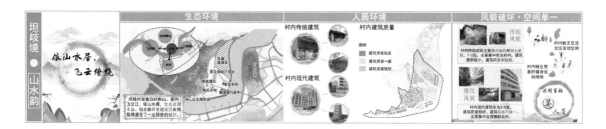

四、设计策略

产业方面：结合当下数字化技术，通过远程监管、远程预定、冷链加工等手段对绿色生态产业进行产业链延长，以此实现一月红变月月红；电商平台带动产品销售，增加村内就业机会。

文化方面：对红色文化资源采用路线串接、数字化打卡、新媒体宣传等手段，以此形成较完善的文化流传体系。

人居环境方面：对旧建筑和老街进行修缮，增强公共交往空间，将部分旧建筑设为文物观游点，迁移村民到新居住区，为村民日常生活引入智能化停车等手段。希望形成红（革命文化）、绿（生态产业）两条线路齐头并进，实现村民市民化。

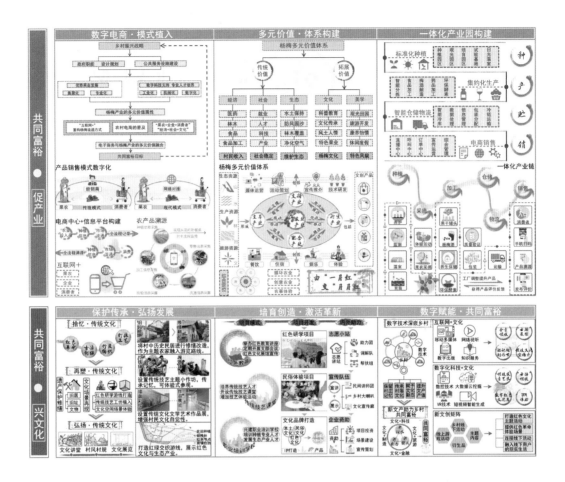

管理体系方面：5+2工作日（5天产业园+2天周末家庭旅游业），建立共同富裕村规体系，将村庄建设归还村民自己，由村集体领导大家在物质、精神上逐步实现共同富裕。

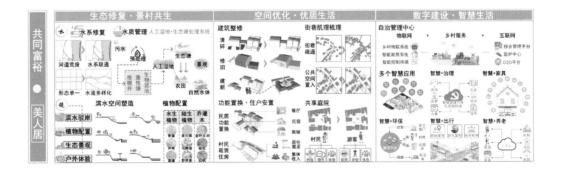

五、核心思想

镶红拥绿，"共富"坦歧，红：红色文化+杨梅林；绿：生态产业园。数字是手段，共同富裕是最终目标。

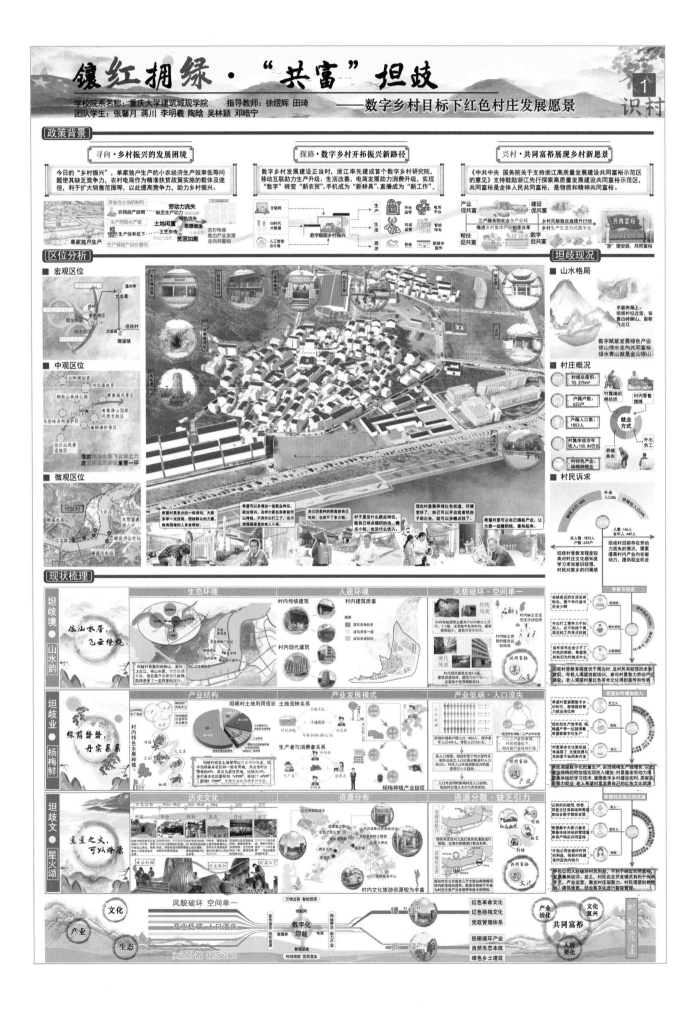

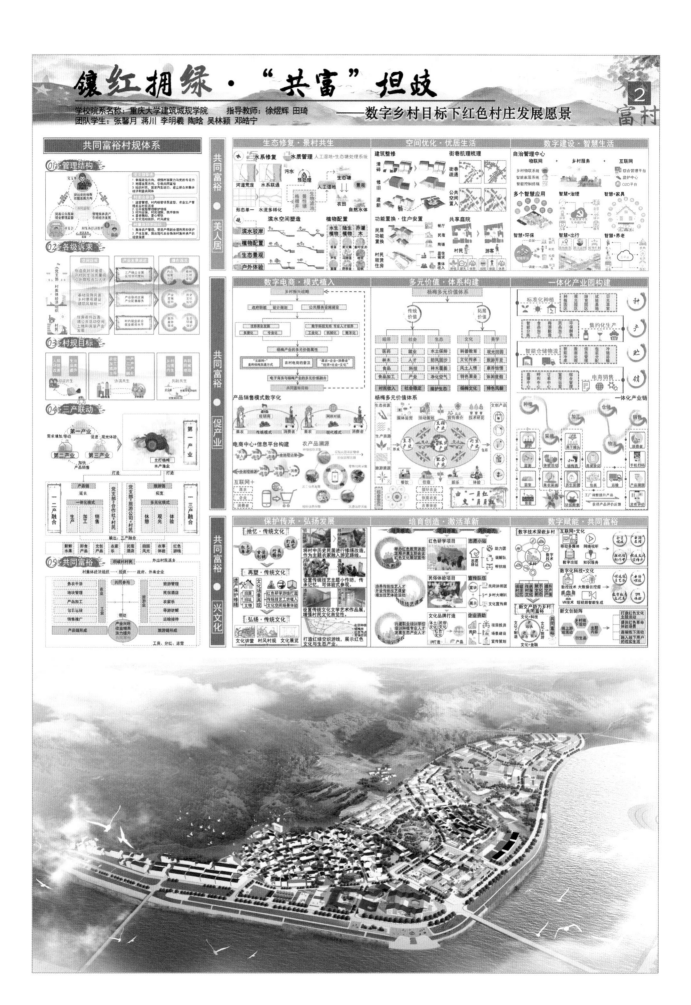

镶红拥绿·"共富"坦歧

学校院系名称：重庆大学建筑城规学院　　指导教师：徐煜辉 田琦　　　——数字乡村目标下红色村庄发展愿景

团队学生：张馨月 蒋川 李明羲 陶晗 吴林颖 邓皓宁

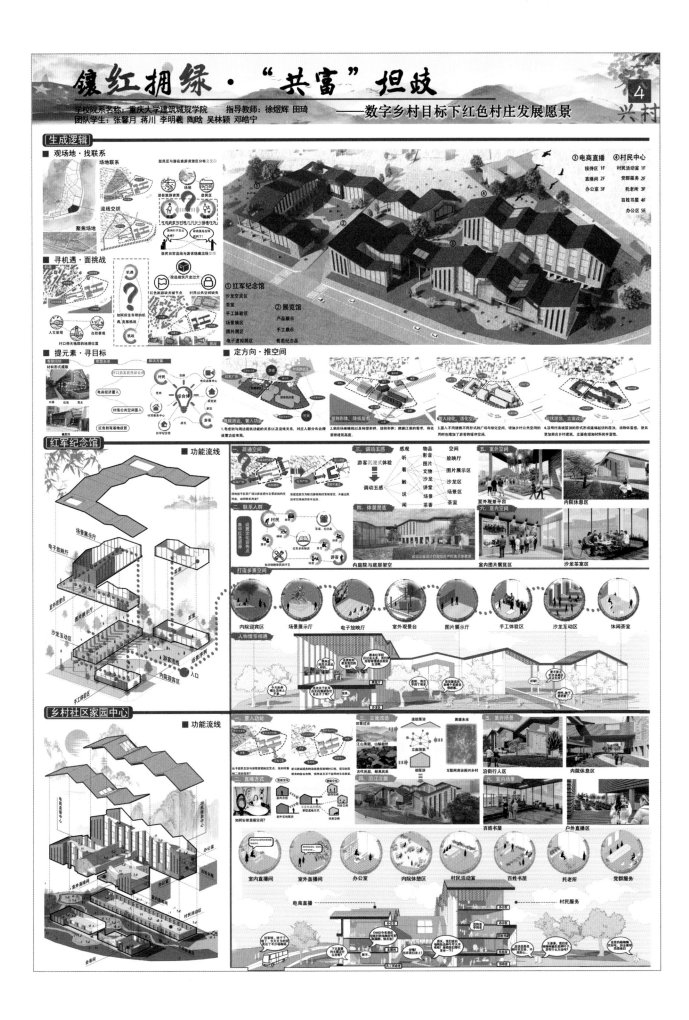

镶红拥绿 · "共富" 坦歧
——数字乡村目标下红色村庄发展愿景

学校院系名称：重庆大学建筑城规学院　指导教师：徐煜辉 田琦
团队学生：张馨月 蒋川 李明羲 陶晗 吴林颖 邓皓宁

第 三 部 分

乡村调研报告
竞赛单元

乡村
振兴

2021年全国高等院校大学生乡村规划方案竞赛
乡村调研报告竞赛单元
评优组评语

但文红

2021 年大学生乡村规划方案竞赛
乡村调研报告竞赛单元　评优专家

中国城市规划学会乡村规划与建
设学术委员会　委员

贵州师范大学　教授

1. 总体情况

本次乡村调研报告竞赛单元共有 93 份作品进入遴选，经过初评后，共有 30 份作品进入终评，经过逆序淘汰、排名打分和评议环节，评出各等级奖项，最终结果为：一等奖 1 个、二等奖 2 个、三等奖 3 个、优胜奖 4 个，佳作奖 20 个。

2. 闪光点："三有"

第一，参与作品有质量。

（1）报告内容很完整，基本上已形成现状描述、问题剖析、对策阐释、策划策略等板块结构，勾画出村落的全貌。

（2）报告形式很丰富，图文结合，题文呼应，措辞古风，借鉴不同艺术的表达范式等。

（3）报告行文均流畅，文献引用规范等有明显的提高。

第二，调查对象有突破。

第一次有针对村落的"人""产业要素""水系统""历史事件"的调查，有深度、有力度，为后续的规划策划指明方向。原有的"村落景、物、文、人"的调查更深入、更成体系，渐显"范式"之貌。

第三，产业植入有思考。

植入村落的产业构想，能从区域、村落不同层次着眼分析，考虑政策、市场、投资、运行的不同影响与需求，提高产业落地的可行性。

3. 不足

第一，重形式轻内容。

部分报告的形式突出，影响对内容的理解，或者为了形式，分解内容，内容与形式不对应，内容与标题不对应等。

第二，重结构轻逻辑。

部分报告结构看起来完整，但逻辑欠缺，现状描述和问题梳理没有理清晰，不同章节都在描述。

第三，重策划轻调查。

部分报告，调查内容少，策划内容多，且策划部分有"普适"的痕迹，针对性弱。

第四，重"风物"轻"人物"。

部分报告的大量章节描述村落的"风物"，对村落的"人物"琢磨很少，植入的产业与村落的"人物"基本没有关系，而与"风物"关系密切，乡村振兴内生发展被"忽视"。

4. 新起点

第一，有人，有户，有村。

有人才有家，有家才有村。村落调查期待着：以人立家兴村。乡村是有鸡鸣狗叫、猪马牛羊、五谷丰登的乡村，也是有柏油路、自来水、垃圾分类、污水处理，有一切基本公共服务和基础设施的乡村，是乡村人的美丽富足生态乡村。

第二，绘景，兴业，落地。

基于村落调查的策划，是描绘村落的"愿景"，是村落人通过努力能实现的愿景，是依靠村民能够"振兴的产业"，如果是需要依靠政府、资本大规模投入才能实现，就是"产业植入"，是"场景化"的村落，"人物"的主体改变了。一般的村落"绘景，兴业，落地"也同样有需要调查、总结、策划。

第三，技术，传统，更新。

村落的衰败也有技术层面的重要原因，比如农业工具、民居建造、传统农业社会的技术体系必然会被现在的技术体系代替，实现村落"风物"和"人物"的更新，这就需要村落调查花大力气去发展、深化和推动，为"乡村振兴"在地化出力。

（以上内容根据但文红教授在西安年会上的点评 PPT 整理发布。）

2021年全国高等院校大学生乡村规划方案竞赛
乡村调研报告竞赛单元专家评委名单

序号	姓名	工作单位	职务 / 职称
1	但文红	贵州师范大学	教授
2	梅耀林	江苏省规划设计集团有限公司	总经理
3	余压芳	贵州大学建筑与城市规划学院	党委副书记（主持工作）、副院长、教授
4	罗震东	南京大学建筑与城市规划学院	教授
5	周　珂	同济大学建筑设计研究院（集团）有限公司 文物设施安全保障技术研究中心	总工程师

2021年全国高等院校大学生乡村规划方案竞赛
乡村调研报告竞赛单元决赛获奖名单

评优意见	序号	方案名称	院校名称	参赛学生	指导老师
一等奖	XI379	传统村落的"解与构"	西安工业大学建筑工程学院	胡文娜　赵雨晨　刘顺承 尚朋朋　李　蓉　林子艺	王　磊　安　蕾
二等奖	XI323	要素流入，精准振兴	上海大学上海美术学院	李　瑜　金韵绮　严　一 杨殊同　王诗钧	刘　勇
二等奖	XI412	思土育文，文育土司	贵州大学建筑与城市规划学院	刘雨豪　邹玉涛　舒　曼 张体继　谢历胜	陈　波
三等奖	QI043	"三生"以陟，林盘新衍	重庆大学建筑城规学院	刘文静　冯韵洁　黄　佳 范　薇　杨博澜　勾心雨	黄　勇 徐　苗
三等奖	XI284	卡车经济与教育空心	中央美术学院建筑学院 浙江大学建筑工程学院 复旦大学中国语言文学系、数学科学学院 中国政法大学法学院	吴　旻　封姚逸　张于晨 金雨丰　牛赛晨　杜心怡	虞大鹏 王纪武
三等奖	XI373	忆古诉戎·红色"更"续	青海大学土木工程学院	刘子琪　刘佳琦　张浩然 梁鹏宇　李秉承　马　丽	李成英　任　君 李昃之
优胜奖	XI338	清渠复绿水，归港还漖乡	上海大学上海美术学院	邓泽赢　张浩民　余舟捷 李常乐　杨子晨	吴　煜　张天翱 郝晋伟
优胜奖	XI407	产居"淘"融　东风铸新	南京大学建筑与城市规划学院	黄惠珠　袁思聪　张心怡 杨　阳　郑天畅	张　敏　冯建喜 陈培培
优胜奖	XI426	芦荡剧幕·精神先行	苏州科技大学建筑与城市规划学院	李　玲　何洪宇　李晓艳 段紫晗　李玉冰　陈　茜	王振宇　刘宇舒 潘　斌
优胜奖	XI492	旧酒新瓶装，乡韵山间存	宁波大学潘天寿建筑与艺术设计学院	沈利超　金杨瞻　江梦魏 俞陈静　董程欣　徐　洪	陈　芳　刘艳丽

（注：因为篇幅有限，故只刊登一、二等奖获奖作品）

2021年全国高等院校大学生乡村规划方案竞赛

乡村调研报告
竞赛单元

获奖
作品

传统村落的"解与构"

【参赛院校】 西安工业大学建筑工程学院

【参赛学生】

胡文娜　　　　赵雨晨　　　　刘顺承　　　　尚朋朋

李　蓉　　　　林子艺

【指导老师】

王　磊　　　　安　蕾

作品介绍

一、村庄情况

1. 地理区位

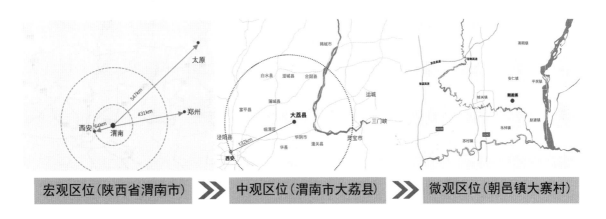

2. 历史沿革

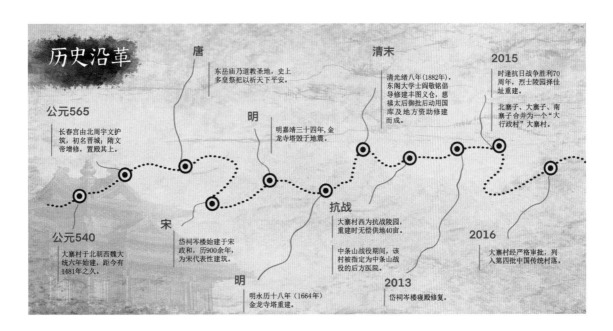

3. 村庄格局

文脉：大寨村合并而成后整体上犹如一只凤凰，被当地人称为"凤凰故里"，构成特殊的"三寨拱卫，凤凰归巢"格局。

山脉：北侧的华山和南侧的紫阳山均雄伟巍峨、层峦叠嶂。

水脉：大寨村东临黄河，南望西岳，三面环崖。村落临依洛水，洛水东南入渭水，渭水东入黄河。

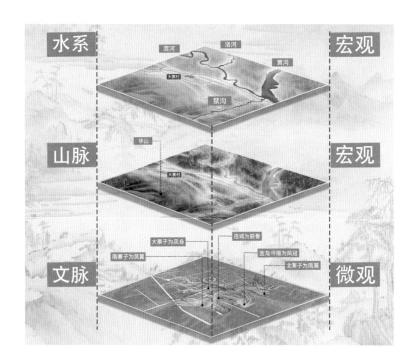

4. 村庄印象

村庄内可视资源种类丰富，有古槐、红色建筑、人物立像、各朝代历史建筑遗产遗址及明清民居建筑……

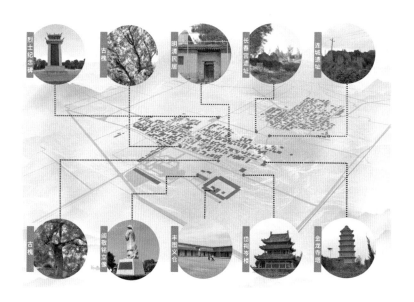

5. 村庄文化

文学家贾平凹曾说过："陕西韩城合阳朝邑一带是中国境内值得行走的三个地方之一。"朝邑历史文化非常悠久，位于朝邑镇的大寨村，历史文化也是数不胜数。

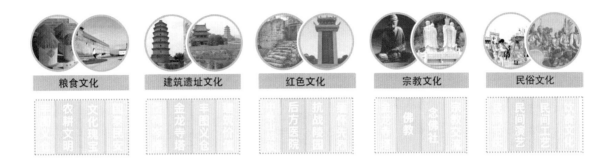

6. 产业结构

大寨村第一产业基础良好，包括种植养殖，有优势种植物；村内无第二产业；第三产业尚未萌发。村内有旅游资源，如丰图义仓、岱祠岑楼、金龙寺塔等，但开发利用强度不高或者未开发利用。大寨村产业经营模式分为个体工商业、农民专业合作社、政府机构。

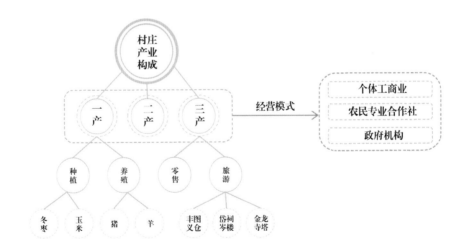

7. 政策解读

党的十九大以来全国范围内开始开展乡村振兴战略，同时陕西省政府积极响应号召国家政策，积极推动乡村振兴战略在陕西省的落实，着力从建设产业、改良生态、储备资金人才等方面为乡村发展提供新的发展机遇。陕西省对传统村落的保护措施日益完善，能够确保传统村落的基础设施进一步完善，从而使其历史风貌得以保存和延续，人居环境逐步改善，文化遗产资源得到有效保护和永续利用。

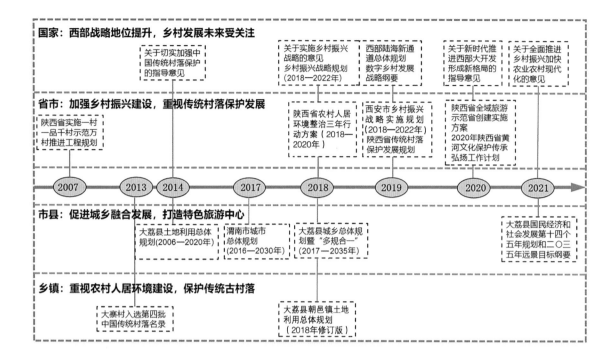

二、入其里而解构大寨：（三生 + 治理 + 文化）

三生空间失调	文化传承失态	村落共同体失活
村庄格局风貌破碎	民俗工艺传承断代	村庄治理主体模糊
农业链条短，效益低	古建遗址修缮缓慢	三村难融
文旅产业体系不完善	文化宣传力度不够	三村难达共识
基础设施有待提升	文化产品挖掘不深	三村难谋共同发展

1. 三生空间失调

（1）生态局部失质

大寨村生态环境保护意识薄弱，村庄环卫设施布置不合理，"脏、乱、差"现象积弊多年，村庄风貌破碎。

（2）生产整体失活

一产以冬枣为主，基础良好，但其以鲜果销售为主，未进行加工，链条短、效益低；村内无二产；三产中零售、餐饮业规模小、业态单一，文旅产业定位模糊、开发停滞，支撑功能、服务设施不完善，以 4A 级景区丰图义仓为支撑，但其展示形式传统，项目类型单一，配套设施有待完善，其他资源尚未得到有效开发利用。村庄生产活动混杂且缺乏管理，干扰生活空间的活动。

（3）生活局部失意

村内基础设施建设不完善，生活空间利用效率低，有部分设施荒废闲置。村内明清传统建筑保护不到位，村庄建筑整体视觉较差，地域文化符号不显著。

2. 村庄共同体失活

目前大寨村村民大多是迁移定居于此，村落内人际关系是地缘关系而非血缘关系。且因2015年村庄自治单元从三个自然村合并为大寨村行政村，使得大寨村整个村落共同体边界消散，意识分化。

（1）村庄治理主体模糊

村庄治理体系为"双结构，一网格"，村委换届不久，村民参与村庄事务多为村委选举、土地确权，但村庄发展相关事务参与较少，缺少话语权。村民文化程度较低，技能水平不高，部分村民发展诉求被忽视，大多数村民及其利益被剥离，导致村民参与村庄发展热情不高。

（2）三村难融，难达共识，难谋共同发展

3. 文化传承失态

大寨村历史文化悠久，但是现在面临着民俗工艺传承断代、古建遗址修缮缓慢、文化宣传力度不够、文化产品挖掘不深的问题。

三、发展基础

1. 限制性及优势分析——析发展之基础

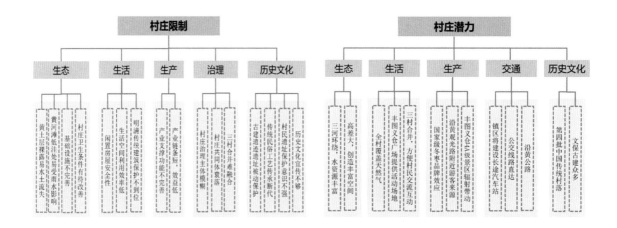

2. 区域联动——创发展之格局

产区景区联动：在大荔县全域内对景区产区资源、形象、交通、空间等进行整合联动，促进全域系统平衡，建立有序的景区产区联动体系，构建有利于多方互动共赢的合作关系；同时以优势景区、产区带动有条件的村落发展，对村落进行适度联动开发，地区内各景区、产区、村落共同实现在经济、文化、社会、环境层面获得可持续生产旅游发展的最佳效益。

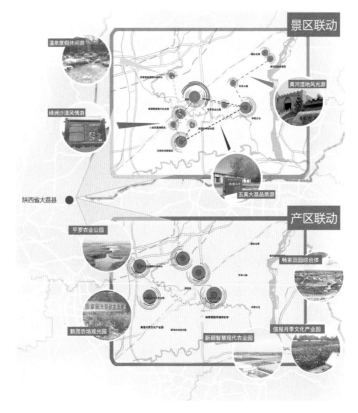

四、四态活而"构"大寨

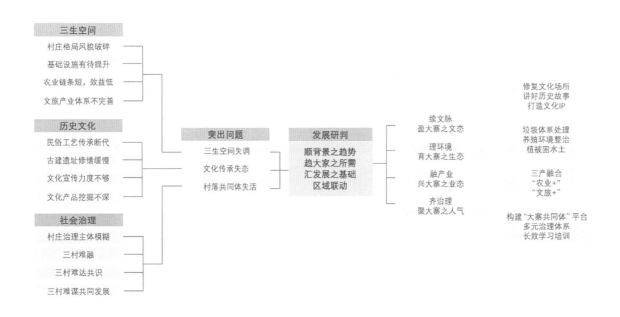

五、方案策划布局

1. 精准定位，锁定市场

总体定位：一地一园一村，即西部古粮仓文化第一体验地，多遗址传统村落关中文旅示范村，大荔县生态有机冬枣示范园。

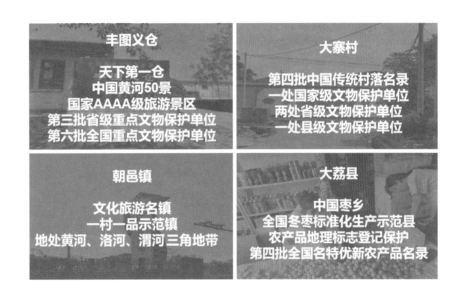

以农业和文旅为发展依托，分析目标客群，策划精品活动。以"农业＋"为依托的目标客群有：返乡人群、研学组织、线上游客、客商、亲子家庭。以"文旅＋"为依托的目标客群有：人文历史爱好人群、研学组织、信仰佛道人群、旅居休闲人群、亲子家庭。

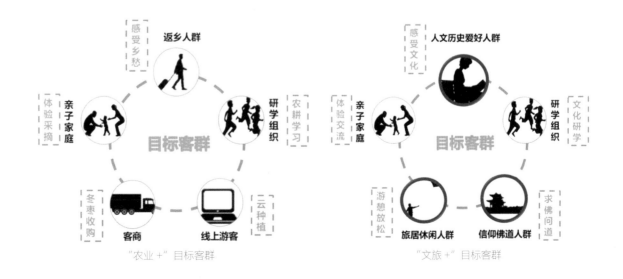

"农业＋"目标客群   "文旅＋"目标客群

2.精品策划，精致体验

以大寨子村庄资源为依托，从人文历史活化、农业体验展示两个方向策划各类项目。包括：长春晓日关中民俗体验区、渔樵耕读农耕文化体悟区、佛道文化体验区、黎明丰碑红色文化游览区、合采乐农休闲农业体验区、心安吾乡原住村民生活区、碧道清风自然生态游憩区。以此再策划各类项目活动。

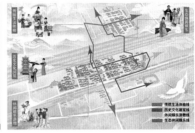

六、运营实施

1.政府保障机制

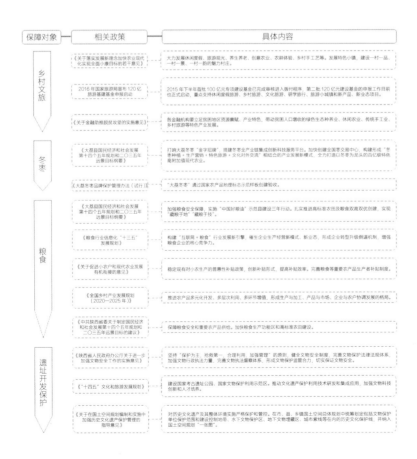

2. 土地流转机制

村民拥有的资源包括土地使用权，宅基地以及劳动力。

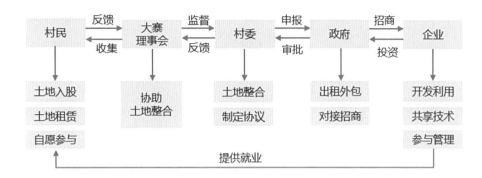

3. 开发利用机制

村庄发展要重视村民参与，让村民受益，使村庄开发与当地居民利益融为一体，鼓励和扶持村民参与村庄开发，制定合理的管理、运营方案。

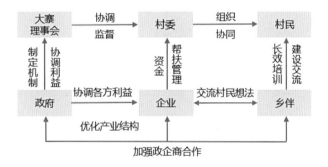

4. 科技赋能保障

通过数字化的手段推动大寨产业的融合发展，保障游客吃住游娱行的方便快捷和高效。线上线下结合，助力数字大寨建设，搭建大数据平台，完善智慧服务系统。

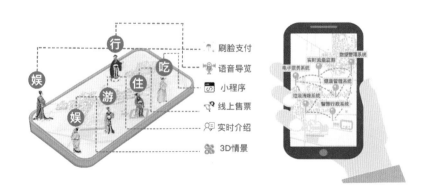

5. 项目发展推进

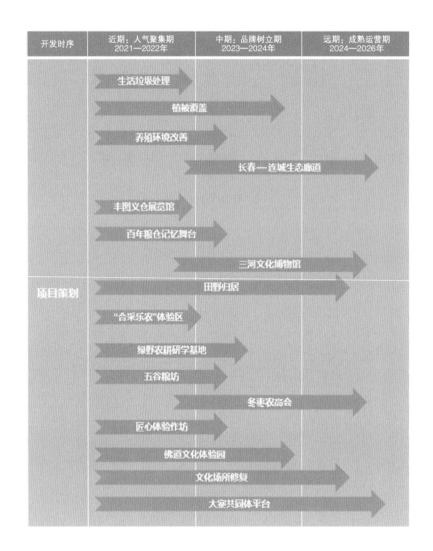

传统村落的"解与构"

摘要： 千年古村大荔县朝邑镇大寨村，是第四批中国传统村落，现有一处全国重点文物保护单位 4A 级景区丰图义仓，两处省级文物保护单位岱祠岑楼、金龙寺塔，另有数十余间保存尚好的明清民居。调研从三生空间、历史文化、社会治理、村民认知等方面梳理挖掘村情现状问题，得出村内目前三生空间失调、文化传承失态、村落共同体失活等问题突出。结合村庄问题及发展研判，从续文脉、理环境、融产业、齐治理四个层面，实现盈村之文态、育村之生态、兴村之业态、聚村之人气的目标，初步重构大寨村未来图景。

关键词： 乡村振兴；传统村落；大寨村；三生空间；乡村共同体

目　录

1 序言

1.1 践政策以兴古村，据关中而望黄河

1.1.1 政策背景

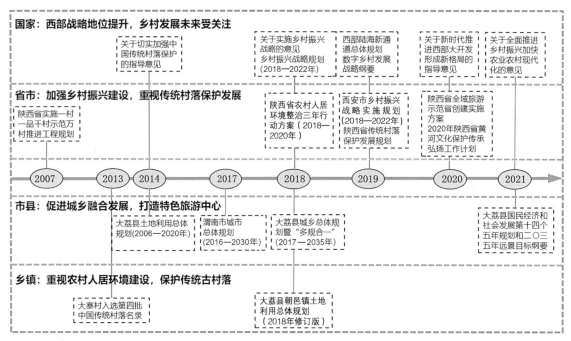

图 1-1 大荔县发展相关政策

1.1.2 地域背景

黄河中游晋陕区段，沿岸文化积淀深厚，是中华文化重要发祥地，距黄河 14km 的中国传统村落大寨村是研究黄河文化的重要载体。

关中地区位于秦岭与陕北黄土高原间河谷盆地，自然地理环境良好，长期农耕与游牧文明的交流互鉴、碰撞融合，成为中国古代文明及正统文化的核心区域，是组成黄河中游文化重要一部分。大寨村独特的"风水格局"、村寨防御体系及丰富的文物遗迹，在关中地区具一定的典型性和代表性。

1.1.3 调查范围及对象

调研范围为渭南市大荔县朝邑镇大寨村，地处关中平原东部，地处黄、洛、渭三河交汇地带。村中有 1 处全国重点文物保护单位，2 处省级文物保护单位，多处明清关中传统民居，发展潜力大，具较高研究价值。

1.2 明目的而知意义，缘路径以勘"大寨"

1.2.1 研究目的及意义

本次调查报告成果将为大寨村村委进一步认识村情实际和地域传统村落价值，思考明确乡村振兴发展思路提供有益帮助，发挥调查与服务乡村振兴结合的实践价值。同时报告成果对关中黄河流域及西部地区的中国传统村落如何有效保护、挖掘、整合利用自身资源，在保护传统特色的基础上进行发展，提供思路及实践参考样本。

1.2.2 调查框架

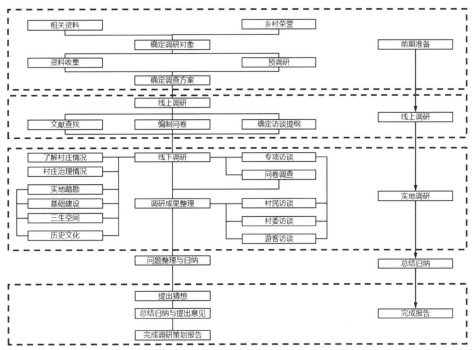

图 1-2　调查框架

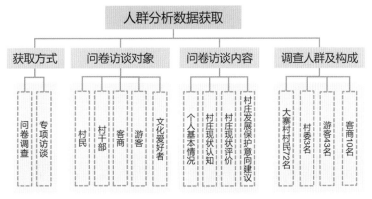

图 1-3　人群分析数据获取

2　知其表而初探大寨

2.1　西北之咽喉，三河之腹地

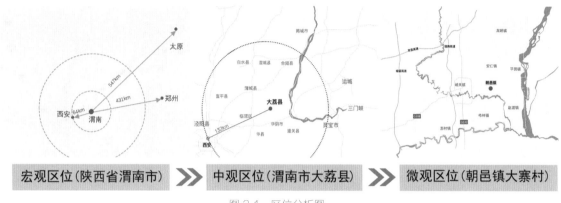

图 2-1　区位分析图

2.1.1　宏观区位

渭南市位于陕西东部，东近黄河，西临西安，南倚秦岭，北接延安，渭水横贯其中，是中原通往西北的咽喉要道。

2.1.2　中观区位

大荔县位于渭北平原东部，黄、洛、渭三河交汇地，南有沙苑、北近镰山。交通条件优越，境内路网纵横密布，韦罗高速、大西高铁、西韩铁路、108 国道、202 省道、沿黄旅游专线穿境而过。

2.1.3　微观区位

大寨村西临朝邑镇区，东距黄河约 14km，南临北洛河。大寨村处于"秦晋之好"旅游线路上，东临沿黄观光路，大朝公路穿村而过，距大荔站车程约 27min，大荔县城至大寨村有直达公交大荔 101 路。

2.2　地貌形胜

2.2.1　地貌气候

大寨村地貌为黄土台塬，地势平坦，四周无山体，有两条东西向沟地贯穿村庄，海拔最高363m，最低 335m。

大寨村地处暖温带半湿润、半干旱季风气候区，平均气温 14.4℃，四季分明，气候宜人。

2.2.2 土地利用现状

图 2-2　土地利用现状

土地利用分类　　　　　　　　　　　　　　　　　　　表 2-1

用地代码	用地名称	用地面积（hm²）	占总用地比（%）
01	耕地	12.21	4.78
02	园地	109.84	42.99
03	林地	50.82	19.89
04	草地	30.38	11.89
06	农业设施建设用地	7.61	2.98
07	居住用地	22.08	8.64
08	公共管理与公共服务用地	0.20	0.08
09	商业服务业用地	0.23	0.09
12	交通运输用地	9.30	3.64
13	公用设施用地	0.28	0.11
14	绿地与开敞空间用地	6.54	2.56
15	特殊用地	6.00	2.35

用地分类参考：《国土空间调查、规划、用途管制用地用海分类指南》

2.3 人口及居民点分布

大寨村共三个自然村：大寨子、南寨子和北寨子，下辖11个村民小组。户籍统计：有798户，3160人，其中空置23户，整宅出租5户。

常住人口2988人，外出人口183人，主要在西安及渭南从事建筑、服务行业，外来人员65人，主从事冬枣行业。

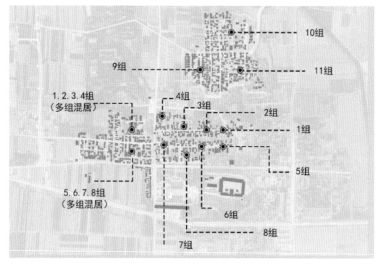

图2-3 居民点分布

南寨子部分居民点因丰图义仓景区开发建造，迁至大寨村西侧，与大寨子居民多组混居，相对混乱，其余分组明确。

2.4 古村千载，古迹浩繁

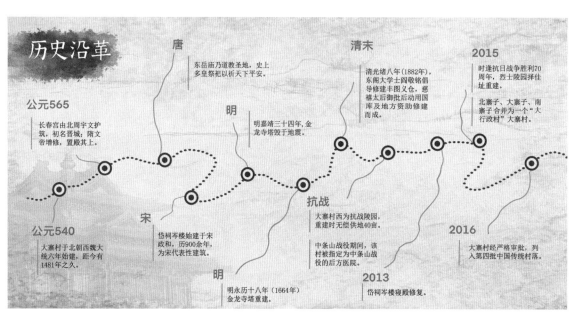

图2-4 大寨村历史沿革

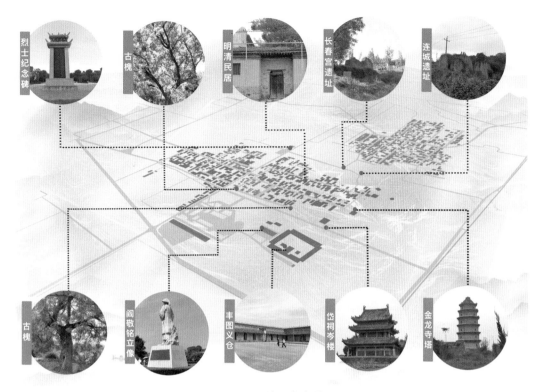

图 2-5　资源分布图

2.5　空间句法，探村之空间

　　村落整合度总体由中部向四周递减，整合度分析结合实地调研发现，整合度最高的区域，为村北东西向道路；整合度较高的区域，主要为村中南北向道路及村南东西向道路。区域内实际人车流量较大，可达性高，也是相对热闹的空间，都是村中联系村外的主要道路。

图 2-6　大寨村局域整合度分析　　　　　　　　　　图 2-7　大寨村连接度分析

村落连接度较高的区域与整合度高的区域有所重合，周边几乎都是冬枣园，空间渗透性好，空间围合度较弱。

3 "解"其里而识大寨

3.1 解之生态，局部失质

生态空间多位于村庄外围，交通不畅少有人来，地势起伏植被丰富，少部分位于街巷。

大寨村整体生态空间结构为组团—格网式，平面上呈现外部大面积组团的面状空间，内部沿街巷形成格网绿地空间，涝池点缀其中。

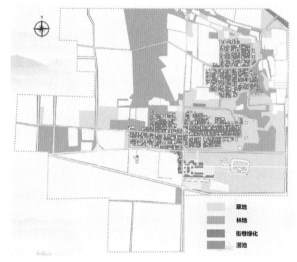

图 3-1　生态空间分布

3.1.1 村庄绿地空间

村庄绿地空间分布　　　　　　　　　　　　　　　　表 3-1

生态空间	空间类型	空间分布	图示
村庄绿地	街巷绿化	村庄内部、道路两侧	
	林地	沟地间或村庄外围	
	草地	沟地间或村庄外围	

（1）街巷绿化

街巷绿化为宅前屋后小面积绿化。街巷多植落叶树，未进行统一规划与维护。老街道存有记载大寨村悠久历史的两棵古槐。

村古槐简介   表 3-2

树种	树围 /cm	胸径 /cm	实景图
槐树 1	220.00	70.00	
槐树 2	255.00	81.20	

植物种类   表 3-3

类型	植物名称
乔木	栾树、国槐、柿树、朴树、核桃树、构树、杨树、榆树、泡桐
灌木	冬青、石楠、石榴、黄杨、木麻黄、龙爪槐
草本植物	侧柏、芦苇、辣椒、活血丹、小白菜、秋葵
藤本植物	藤本月季、北瓜、鹅绒藤、丝瓜、地锦
花卉	鸡冠花、天人菊、波斯菊

（2）林地

林地多位于村庄边缘，人迹罕至，林类繁多，多为自然生长，未经维护修剪。

图 3-2 林地

（3）草地

草地多为杂草，村庄被东西走向沟地贯穿，土地裸露、地被层缺失、杂草繁多。

图 3-3　草地

3.1.2　水域空间

水域空间分布　　　　　　　　　　　　　　　　　　表 3-4

生态空间	空间类型	空间分布	图示
水域空间	涝池	联通北寨与大一村的沟地	

涝池位于沟地，可供蓄水排水，周边环境质量差。

3.1.3　小结

村庄生活垃圾乱堆、坏果肆意倾倒、环卫设施配置不合理、垃圾处理不及时，"脏、乱、差"现象积弊多年。

大多村民认为自然环境保护较好；村子距黄河滩较近，多雨时有水灾，部分冬枣庄稼种植易受影响。

■ 破坏 ■ 一般 ■ 较好 ■ 很好

图 3-5　自然环境情况

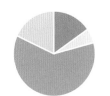

■ 无变化 ■ 变好 ■ 变差 ■ 不清楚

图 3-6　自然环境比较

图 3-4　涝池

3.2　解之生产，整体失活

生产空间多在居民点外围，少量于居民点、宅院或街巷边。

生产整体空间结构为环点式，外围成环形围绕，中心零星空间构成环点式结构。农作物种植空间为环式，围绕在村庄外围；旅游空间、商业空间以及养殖空间点状分布在村庄内部；农业设施空间或点或线穿插在村庄中。

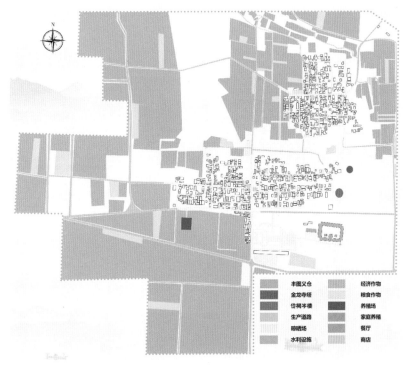

丰图义仓	经济作物
金龙寺塔	粮食作物
岱祠岑楼	养殖场
生产道路	家庭养殖
晾晒场	餐厅
水利设施	商店

图 3-7　生产空间分布

3.2.1 农物种植空间

农作物种植空间分布 表3-5

生产空间	空间类型	空间布局	图示
农作物种植空间	耕地	位于村庄周边	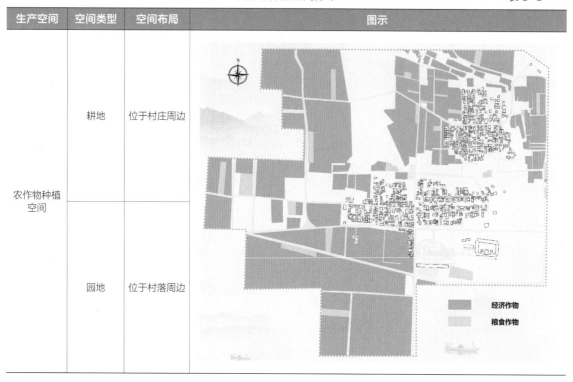
	园地	位于村落周边	

（1）耕地

耕地以玉米为主，约 1080 亩，冬季土地撂荒。村内耕地碎片化，未成规模。

图 3-8 玉米种植

（2）园地

园地以冬枣为主，约 9720 亩，多处于黄河滩地，土壤条件优越。冬枣种植均为家庭承包式，以冷棚种植为主。北寨村有两个农业合作社，进行冬枣收购、联系客商及农药售卖等服务。

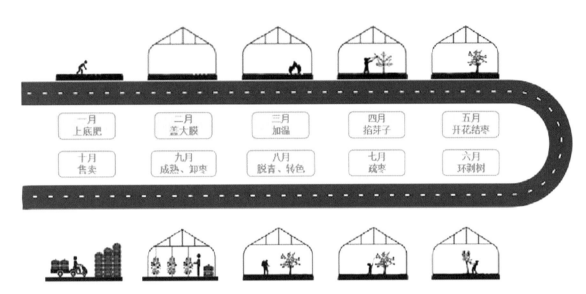

图 3-9　冬枣种植流程

图 3-10　冬枣种植

3.2.2　旅游空间

旅游空间分布　　　　　　　　　表3-6

生产空间	空间名称	空间布局	图示
旅游空间	丰图义仓	丰图义仓位于村庄南部	
	岱祠岑楼 金龙寺塔	岱祠岑楼、金龙寺塔位于村庄东部	

（1）丰图义仓

丰图义仓现由文物局和粮食局共管。景区原日游客量可达5000余人，受疫情影响，节假日游客量达2000余人，游客主要来自西安及其周边区域。

景区部分建筑年代久远，雨季发生坍塌漏水。内设农耕体验项目，供学生研学团体预约，游客不可参与。

图3-11　丰图义仓

讲解方式	具体内容	讲解费用
讲解员（4名）	粮食局职工	≤10人：50元 >10人：每超一人加5元
二维码		无
展板介绍		无

图 3-12　丰图义仓讲解

（2）岱祠岑楼和金龙寺塔

岱祠岑楼和金龙寺塔位于大寨子村东，为方便保护，外修筑院墙，并重修东岳庙寝殿，由李润仓夫妇志愿保护看守。

由于资金有限及文保特殊性，现阶段仅对建筑外部进行修缮，未开发利用。李润仓夫妇在院落内居住，为满足生计院内种植玉米南瓜、养殖山羊，院落内部未进行硬质铺装，均为土地面。

图 3-13　岱祠岑楼和金龙寺塔

3.2.3　农业设施空间

农业设施空间分布　　　　　　　　　　　　表 3-7

生产空间	空间类型	空间分布	图式
农业设施空间	晒晒场	广场院落中	
	道路空间	位于田野	
	水利设施	位于田间或田野道路边	

（1）晾晒场

晾晒场位于空地或广场上，满足村民对农业生产活动的需求。

图 3-14　晾晒场

（2）生产道路

为农业运输提供帮助，生产道路多为土路，宽度多在 2.8~5.0m。道路质量较差，路边随意倾倒坏果，道路崎岖，下雨泥泞。

图 3-15　生产道路

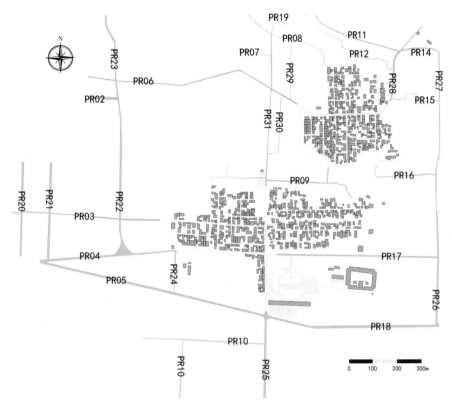

图 3-16　生产道路空间分布

生产道路空间分布　　　　　　　　　　　　　　　　　　　　　表 3-8

编号	路况	路宽 /m	编号	路况	路宽 /m	编号	路况	路宽 /m
PR01	水泥路	2.5	PR11	水泥路	5.4	PR22	水泥路	9.0
PR02	水泥路	9.0	PR12	泥土路	2.2	PR23	水泥路	9.0
PR03	水泥路	2.5	PR13	水泥路	5.5	PR24	水泥路	4.7
PR04	水泥路	7.3	PR14	水泥路	5.5	PR25	沥青路	12.0
PR05	沥青路	15.0	PR15	泥土路	2.5	PR26	水泥路	4.5
PR06	水泥路	4.5	PR16	水泥路	3.8	PR27	沥青路	9.0
PR07	泥土路	1.5	PR17	水泥路	7.3	PR28	水泥路	6.8
PR08	泥土路	1.8	PR18	沥青路	15.0	PR29	泥土路	3.0
PR09	水泥路	3.5	PR20	水泥路	7.0	PR30	泥土路	2.8
PR10	水泥路	4.2	PR21	水泥路	7.0	PR31	水泥路	4.6

注：PR19 的信息缺失。

（3）水利设施

水利设施为沟渠、管渠和水泵，用以田地浇灌。

图3-17 水泵   图3-18 浇灌管渠

3.2.4 养殖空间

养殖空间分布   表3-9

生产空间	空间类型	空间分布	图式
养殖空间	养猪场	养猪场位于村西南	
	院落养殖	院落养殖零星分布于村内	

（1）养猪场

养猪场位于大寨村西南园地，小规模养殖肉猪。

（2）院落养殖

院落养殖以养羊业为主，养殖规模较小，5~20 头不等。

图 3-19　院落养殖

3.2.5　商业空间

商业空间分布　　　　　　表 3-10

生产空间	空间类型	空间分布	图式
商业空间	餐馆	在北寨子西部	
	商店	点状分布于村庄内部	

（1）商店

大寨村有四个商店，售卖烟酒副食、生鲜日杂、农用物资。

图 3-20 商店

（2）餐馆

大寨村现有当地特色菜品豆腐菜餐馆一家，日销量约 20 份。小份 7 元，大份 9 元，顾客多为当地村民。

图 3-21 豆腐菜

3.2.6 产业结构

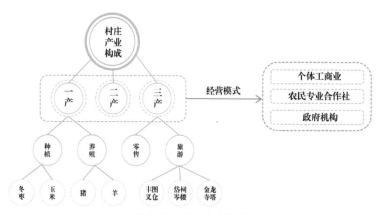

图 3-22 村庄产业构成

<table>
<tr><td colspan="6" align="center">冬枣棚架类型</td><td>表 3-11</td></tr>
</table>

栽培设施类型	亩建造成本 / 万元	上市时间	亩产量 /kg	亩产值 / 万元	2020 年批发价格（元 /kg）
日光温室栽培棚体	7.5	5 月中下旬	2000	7~8	30~40
钢架棉被棚	4~5	7 月上旬	1750	4~5	24~30
拱棚	2	8 月上旬	1750~2000	1.2~2	6~10
避雨栽培	0.7	8 月下旬至 9 月上中旬	2500~3000	0.7~1	3~4

3.2.7 问题小结

（1）产业结构不合理，链条短，效益低

一产以冬枣为主，基础良好，以鲜果销售为主，未进行加工；村内无二产；三产中零售、餐饮业规模小、业态单一，旅游业以 4A 级景区丰图义仓为支撑，展示形式传统，项目类型单一，配套设施有待完善，其他资源未有效开发利用。

（2）产业支撑功能不完善

生产道路多为泥土路，质量较低，无现代化农业技术指导与推广。

（3）生产活动混杂缺乏管理

部分晾晒厂位于宅院、街道巷道和小广场，会干扰日常生活；家庭养殖产生的动物粪便及其他分泌物会污染空气。

村民多以冬枣种植为主，部分生活不便人员将土地流转给冬枣承包种植者，低质土地常年撂荒。冬枣生产技术落后，除虫农药依赖程度高，冬枣种植以人工为主。

冬枣销售时，客商集中收购，部分村民网上发布售卖信息，后于快递站打包寄出。近年来大荔普通冬枣市场趋于饱和，市场价格不规范，冬枣产业收益逐年降低。

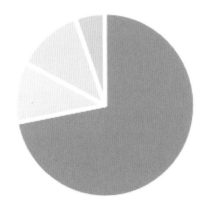

■种植冬枣 ■种植粮食
■租赁流转 ■撂荒

图 3-23 土地情况

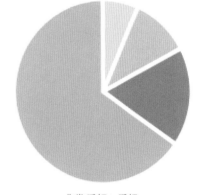

■非常看好 ■看好
■一般看好 ■不看好

图 3-24 旅游发展看法

村民多关心自身利益，产业认识局限于冬枣，学习技术意愿强；不看好乡村旅游的发展，主要因为发展旅游参与度低且无利益相关。部分村民表示在政府支持以及资金支撑情况下愿发展旅游。

3.3　解之生活，部分失意

生活空间位于居民点及其周围，围绕村内街巷布局。

生活空间的空间结构为规则聚集式，居住空间为聚合式结构，宅前院后连接紧密。基础服务设施散点式结构，公共交往空间为规则网格结构，特殊用地呈点式结构。

给水设施　照明设施
排水设施　环卫设施
电力设施　行政设施
电信设施　医疗设施
燃气供暖设施　文体设施
殡葬用地　生活道路
长春宫遗址　纪念碑广场
连城遗址　广场
现代建筑　明清建筑

图 3-25　生活空间分布

3.3.1 居住空间

居住空间分布 　　　　　　　　　　　　　　　　表 3-12

生活空间	空间类型	空间分布	图示
居住空间	明清民居	集中分布在大一、大二村	现代民居　明清民居
	现代民居	村庄内均匀分布	

（1）明清民居

现存明代民居 11 处、清代民居 1 处，均处大寨子村，南寨子与北寨子传统民居已被破坏。

（2）现代民居

村民对住宅进行翻新，院落布局无太大改变。多数民居形态改变不大，沿袭传统建筑特点，一些木雕、石雕、脊兽被保留下来，但木结构窗户被现代的铝合金、塑钢等材料取代。经济情况较好的村民，在建筑外饰面铺贴瓷片。

图 3-26　明清民居

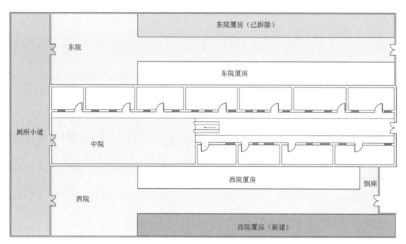

图 3-27　陈家大院

图 3-28　现代民居

3.3.2　基础设施空间

基础设施空间分布 表 3-13

生活空间	空间类型	空间分布	图示
基础设施空间	给水设施空间	院落中	
	排水设施空间	院落中或街巷道路旁	
	电力设施空间	街巷道路旁	
	电信设施空间	街巷道路旁	
	燃气供暖设施空间	院落中	
	照明设施空间	街巷道路旁	
	环卫设施空间	街巷道路旁或院落中	
	行政设施空间	街巷道路旁	
	文体设施空间	街巷道路旁	
	医疗设施空间	街巷道路旁	

（1）给水设施空间

村内全覆盖自来水，取水站供水、井水为主饮用水，两水共用，三个水塔为三个自然村供水。

图 3-29　水塔一　　　　　　　图 3-30　取水站　　　　　　　图 3-31　水塔二

（2）排水设施空间

村内未建环保、统一的排水处理系统，污水多地面直排。村民自建排水管渠，将生活污水排到街巷排水沟，或泼在农地、路面上。

图 3-32　排水管渠

（3）电力设施空间

村内有 5 个变电站，主要依靠 35kV 线路供电，另有两条 10kV 供电线路。

（4）电信设施空间

电信设施：大寨村电信普及率 95%，宽带入户率 70%，信息传递方便快捷。

图 3-33　变电站

　　邮政设施：无邮政局，村民可前往朝邑镇支局；无快递服务站，仅村内百货商店提供冬枣邮寄，快递收寄多在朝邑街道，有某达、某丰、某东等快递服务站点。

　　广播电视：村委设有广播站，并设广播喇叭，宣传村内事务，全村已覆盖无线调频广播。

图 3-34　信号塔　　　　　　图 3-35　电商服务站　　　　　图 3-36　喇叭

（5）燃气供暖设施空间

炊事多用液化石油气，较少使用木柴。村中已安装天然气管道，入户费3000元，价格较高，仅不到五户使用。

图 3-37　燃气供暖设施

（6）照明设施空间

村内设照明路灯，间距 50~70m。

图 3-38　路灯

（7）环卫设施空间

村内采取"一户一桶"垃圾收集方式，每户门前有垃圾收集桶，由村统一收集后运至村垃圾处理厂，道路由3个保洁员定时打扫。

村内的村委会广场有一个公共卫生间。多数农户家使用旱厕，少数农户水厕。

图3-39　家庭旱厕　　　　　　图3-40　垃圾桶　　　　　　图3-41　村委公厕

（8）行政设施空间

村委会位于北寨村，设扶贫办公室、图书阅览室、退役军人服务站、会议室等行政设施用房，部分办公室一室多用。

图3-42　村委办公室　　　　　　　　图3-43　图书阅览室

（9）文体设施空间

仅广场有体育设施。丰图义仓南部设有培元书院，即大荔县图书馆分馆。村内文化墙宣传政府文件，粮食、孝道文化宣传较少。

图 3-44　文化宣传墙　　　　　　　　　　　　　图 3-45　体育设施

（10）医疗设施空间

村内有 1 个卫生室，医务人员 4 人，日常小病可在村内问诊，大病去大荔县的医院。

图 3-46　卫生室　　　　　　　　　　　图 3-47　医护人员介绍

（11）教育设施空间

村内无中小学及幼儿园，朝邑镇小学、初中、高中各一所，幼儿园三所。学生上学多在朝邑镇、大荔县，少数在渭南市、西安市。

图 3-48　朝邑镇中小学

3.3.3　公共交往空间

公共交往空间分布　　　　　　　　　　　　表3-14

生活空间	空间类型	空间分布	图示
公共 交往 空间	街道巷道	房屋前后，贯穿村落	
	纪念碑广场	村主道路北侧	
	活动广场	村主道路旁，房前屋后	

（1）街道巷道

对外道路实现道路硬化，路况良好。村内多为水泥路面，仅岱祠岑楼院外为土路，下雨较泥泞。

道路宽度多在2.8~5.0m，村内无公共停车场。

生活道路状况　　　　　　　　　　　　　　表3-15

编号	路况	路宽/m	编号	路况	路宽/m	编号	路况	路宽/m
BZ01	泥土路	2.8	BZ12	水泥路	3.1	BZ23	水泥路	3.5
BZ02	水泥路	3.0	BZ13	水泥路	3.1	BZ24	水泥路	3.1
BZ03	水泥路	2.1	BZ14	水泥路	4.3	BZ25	水泥路	3.5
BZ04	水泥路	4.5	BZ15	水泥路	8.4	BZ26	泥土路	3.3
BZ05	泥土路	2.0	BZ16	水泥路	3.0	DY01	泥土路	2.2
BZ06	水泥路	3.3	BZ17	水泥路	3.5	DY02	水泥路	3.2
BZ07	水泥路	3.5	BZ18	泥土路	2.2	DY03	水泥路	3.5
BZ08	泥土路	1.5	BZ19	水泥路	4.1	DY04	水泥路	3.0
BZ09	水泥路	4.2	BZ20	水泥路	4.3	DY05	水泥路	3.2
BZ10	水泥路	4.0	BZ21	水泥路	4.6	DY06	水泥路	3.5
BZ11	水泥路	3.4	BZ22	水泥路	3.1	DY07	水泥路	4.6

编号	路况	路宽 /m	编号	路况	路宽 /m	编号	路况	路宽 /m
DY08	水泥路	2.4	DE04	水泥路	3.0	DE12	泥土路	2.2
DY09	水泥路	3.5	DE05	沥青路	7.3	DE13	泥土路	2.5
DY10	水泥路	2.4	DE06	泥土路	2.0	DE14	水泥路	3.5
DY11	水泥路	3.2	DE07	泥土路	2.2	DE15	水泥路	2.8
DY12	泥土路	2.2	DE08	水泥路	3.6	DE16	水泥路	3.0
DE01	水泥路	3.0	DE09	水泥路	2.6	DE17	水泥路	2.5
DE02	水泥路	3.2	DE10	泥土路	2.1	DE18	水泥路	3.2
DE03	水泥路	3.6	DE11	水泥路	6.3			

图 3-49　生活道路空间分布

图 3-50　街道巷道

（2）纪念碑广场

陕西军民东征抗日烈士纪念碑广场位于于岱祠岑楼西北 300m 处，内设祭台、碑林，铺装为硬质水泥，村民多在广场内晾晒玉米。

图 3-51　陕西军民东征抗日烈士纪念碑广场

（3）活动广场

共有活动广场五个，大寨子村三个，北寨村两个，均为水泥铺装，广场内设体育设施，整体质量差、使用率低，仅青少年广场内打篮球。

图 3-52　活动广场

3.3.4　特殊空间

（1）殡葬用地

殡葬用地集中在烈士纪念广场西部，用地权属归村集体。

（2）长春宫遗址

长春宫遗址是县级文物保护单位，保护状况差，遗址周围野草丛生，垃圾遍布。

（3）连城遗址

古时连城是村庄与粮仓的交通要道，现保存不理想，部分坍塌，遗址周围垃圾遍布。

特殊空间分布 表 3-16

生活空间	空间类型	空间分布	图示
特殊空间	殡葬用地	村主道路北侧	
	长春宫遗址	大一村与北寨子村交界处	
	连城遗址	大一村与北寨子村交界处	

图 3-53 长春宫遗址　　　　　　　　　　图 3-54　连城遗址

3.3.5 小结

（1）基础设施不完善

村内基础设施建设不完善，不能满足村民的基本需求，村委会建设落后，配套设施不健全，公共卫生与医疗设施数目较少，无教育设施。

（2）生活空间利用效率低

村委会内图书室、部分体育设施荒废闲置，无人使用。

（3）明清民居保护不到位

传统民居与现代民居并存，建筑风格不统一，规划性不强，村庄建筑整体视觉较差，地域文化式微。

多数村民对村庄建设及生活环境评价为一般满意，主要表现在：环保卫生、燃气设施、文娱设施。

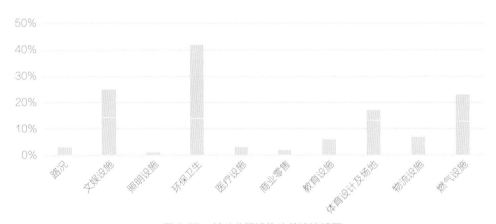

图 3-55　基础公服设施改善建议投票

村民家多为旱厕；村中通有天然气，开户费用 3000 元较高，村民较少使用，老年人认为有安全隐患；村庄缺少集体活动，村委阅览室常年关门，相关设施陈旧，村民文化娱乐休闲多前往丰图义仓前广场。

3.4　解之治理，村落共同体衰落

现村民多为迁移定居于此，村内无主姓氏，人际关系是地缘关系而非血缘关系。2015 年三个自然村合并为大寨村行政村，乡村社会结构被嵌入科层组织的环境，乡土社会由"互识社区"转向"匿名社区"，半熟人社会程度加深。

3.4.1　治理现状

实施网格化管理，网格长直接管理 11 位网格员（来自 11 个村组），网格员管理 2~5 位网格信息员，其工作围绕村庄治安、宣传政策、行政衔接及人—事—地数据统计。

"双机构一网格"的治理结构理论上可较好覆盖村中基本事务，但实际该结构下村民可直接参与村中发展环节较少，网格成员行为监督体系不完善，部分村民不了解大寨村传统村落及相关遗址价值，对村庄发展持悲观看法。

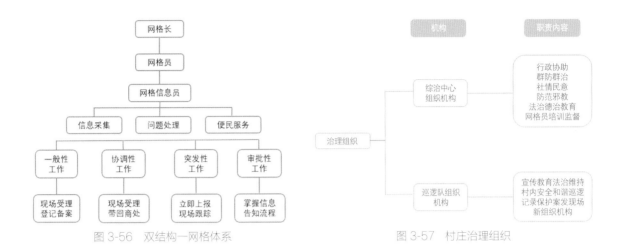

图 3-56 双结构—网格体系　　　　　图 3-57 村庄治理组织

3.4.2 村落共同体边界

（1）自然边界扩大

自然边界空间上扩大，形成明显空间断层，原自然村边界处存在垃圾堆积问题。村庄自然边界往往与村庄历史文化积淀有关，长春宫遗址位于北寨子和大寨子村之间，未得妥善保护。

（2）社会边界扩大

社会边界扩大，村民获取村内收益机会增多，但也容易造成村庄利益关系紧张。利益失衡时，自然村间相互猜疑和攻击，引发社会矛盾。

（3）文化边界打破

村民未完全认同自身大寨村村民身份，对北寨村民而言，更习惯讲自己是"北寨村"村民，而不会讲自己是"大寨村"村民。村民不了解、不看好本村依托传统村落及历史建筑遗迹进行振兴。

3.4.3 共同体成员迁出流动

根据第七次全国人口普查数据，大荔县常住人口较之前减少 10331 人，人口减少严重。长居村中的村民以老年人和种植冬枣的人居多，大部分青壮年候鸟般往返于城乡间或彻底在城市扎根，村庄共同体失去生机活力。

3.4.4 村落共同体意识分化

村庄多层边界打破后，资本、多元思想进入村庄，冲击原三个自然村形成的共同体意识，传统乡规民约开始失效，利益成为人们行为选择的首要依据，2015 年三村合并后，短时间难形成新民约规范。

3.4.5 问题总结

在城市化和三村合并双重背景下，大寨村村落共同体衰落，具体表现在村庄治理主体模糊，三村难融，难达共识，难谋共同发展。

村庄治理体系为"双结构一网格"，村委换届短，村民参与村庄事务多为村委选举、土地确权，但村庄发展相关事务参与较少，缺少话语权。

村民文化程度较低，技能水平不高，部分村民发展诉求被忽视，大多数村民及其利益被剥离，导致村民参与村庄发展热情不高。

3.5 解之历史，文化传承失态

3.5.1 村庄格局

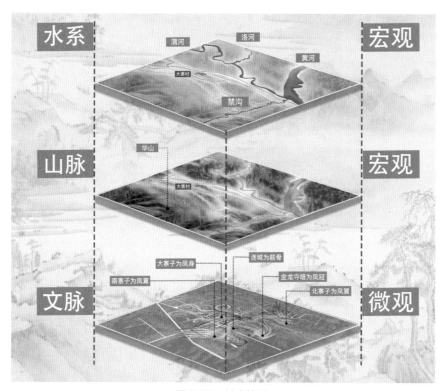

图 3-58 村庄格局

（1）整体格局

大寨村整体犹如一只凤凰，当地人称之为"凤凰故里"，构成独特的"三寨拱卫，凤凰归巢"格局。

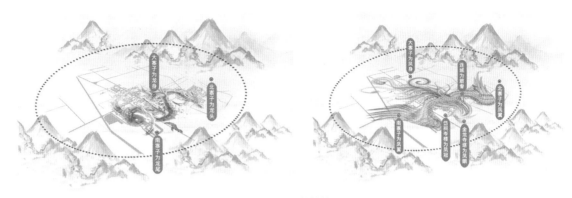

图 3-59　村庄整体格局

（2）"风水格局"

大寨村紧临洛水，洛水东南入渭水，渭水东入黄河，北侧华山和南侧紫阳山雄伟巍峨，构成丰富的山水格局。

（3）物质空间格局

岱祠岑楼高耸于朝坂塬与金龙寺塔交相辉映。为弥补村东侧因地势较低所致的不协调，古人于村东修真武、尊经、文昌三阁，以协调岱祠岑楼与金龙寺塔所成空间格局。

（4）粮仓格局

丰图义仓、大寨村及农田形成了"古粮仓＋民俗村落＋农田"的粮仓文化格局。农田是粮食生产的基地，村落则是粮食的生产者和消耗者，丰图义仓则用于粮食仓储并在特殊时期为村落供粮。

3.5.2　村庄文化

文学家贾平凹曾说：陕西韩城合阳朝邑一带是中国境内值得行走的三个地方之一，其文化底蕴深厚。位于朝邑的大寨村，历史文化更数不胜数。

（1）农耕粮食文化

大寨村丰图义仓传递了中国的粮食文化，粮仓是中国农耕文明的窗口。

图 3-60　村庄文化

（2）红色文化

大寨村抗战时作为中条山战役的后方医院，多人参加支前工作。

村西有陕西省抗战陵园。2015 年重建时大寨村无偿提供土地 40 亩，以缅怀先烈。

（3）建筑遗址文化

1）清代丰图义仓：第六批全国重点文物保护单位。

　　军事防御：整体建筑、城墙布局形成独特防御体系。

　　建筑形式：窑群式仓城建筑，反映我国古代粮仓的建筑造诣。

2）明代岱祠岑楼：第三批陕西省文物保护单位。

　　历史价值：古代五岳祭祀的替代物。

　　建筑构造：岑楼三架梁四椽屋带单步梁为其独特的建筑构造方式，且各类彩绘、浮雕、纹理等反映出较高文化价值。

3）明代金龙寺塔：第五批陕西省文物保护单位。

　　历史价值：佛教文化产物，唐初建明重建，体现唐、明两代建筑的特点。

　　建筑构造：砖砌螺形塔梯、斗栱及垂花柱，均有较高建筑技艺和艺术价值。

4）历史古民居：古街道位于大寨子东侧三巷（北巷、中巷、南巷）所包围区域，历史建筑保留有明代民居 11 处，清代民居 1 处。

5）长春宫遗迹：反映长春宫本身所承载的厚重的历史文化，现长春宫遗址部分遗存。

6）朝邑古城遗迹：反映古代人民空间营造智慧，现朝邑故城遗址区域多为居民居住用地。

7）连城遗迹：现连城遗迹被村中道路打断。

（4）宗教文化

宗教文化有佛教、道教。东汉，佛教传入大荔；唐代，朝邑建金龙寺；因道教村内传播，建造东岳庙。

（5）民俗文化

1）民间节庆

岱祠岑楼庙会、二月二庙会、七月七乞巧节、正月十三赛畜、春节闹社火、堤浒柿子会、七月七菜籽会、霸城清明古会等。

2）民间工艺

面花、剪纸、刺绣、陶艺、石刻、织布、老土布等。

3）民间演艺

碗碗腔、大寨皮影、大寨走马、社火、火龙等。

4）饮食文化

美味堪称"关中一绝"，如九品十三花、蜜汁轱辘、豆腐菜等。

3.5.3 历史人物及传说

历史人物事迹 表 3-17

关键人物	主要事迹
阎敬铭	回陕后热心地方公益事业，不仅捐款修建义学，而且在朝邑县城西侧（今大荔县城东 17km 处的朝邑南寨子）建起一座丰图义仓。这是当时全国唯一的一座民间粮仓，可储粮 1000 万斤。慈禧太后题写仓名"天下第一仓"。中华人民共和国成立后，人民政府仍沿用作为粮站，是陕西省重点保护文物
佘继山	大寨村内黄埔八期学员，在抗日战争时期，带领全团官兵积极抗日，中条山战役时曾任机枪连连长，奋勇杀敌，不怕流血牺牲
张子超	抗日战争期间，任朝邑河防大队长，守护黄河滩，确保一方平安
陈山成	在原中华人民共和国石油工业部工作，任办公室主任，几十年如一日为党和国家努力工作，直到退休
雷柏林	明末清初的举人，被李自成聘请为军师，出谋定计，料事如神，遇事善于动脑子，为民排忧解难，在当地广泛流传
雷树森	清朝时期的才子，为阎公桐捐资出力，至今丰图义仓展厅里还留有石碑展览，供游人参观
李静贤	在杨海潮的带领下，与共产党积极合作，不动一刀一枪，使朝邑县和平解放，人民群众生命财产没受一点损失
李善初	曾任中和镇镇长，号召全镇人民积极投入抗战工作；后来又担任县政协委员，并自费办"养正"学堂，教书育人；自学成医，为穷人看病，医术医德高尚，好人好事广泛流传
赵仁礼	文化站工作几十年，回乡后经常转乡搞宣传工作，自编自演曲目歌颂共产党歌颂社会主义
苏生发	军旅生活几十年，胸前挂满军功章，抗美援朝中带领一连人猛冲猛打，受到嘉奖

传说故事：

开皇十年夏，高祖经朝商古道回城。一日晨，华山美景引其心生欢喜，遂久居两月。

大业十三年，李渊于太原出兵。后占长春宫，于此休整，其后，李世民攻破长安。

3.5.4 小结

大寨子、南寨子村民认为村中的遗址景点历史、文化价值深厚，北寨子村民认为村中没什么价值。村中学习调研的学者学生较多，村民能意识到村中部分价值所在，但认为村庄发展难度大，明清民居保护状况差，经济价值不高。

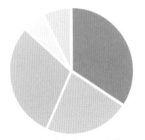
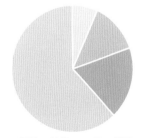

■农耕粮食文化 ■红色文化
■建筑遗址文化 ■宗教文化
■民俗文化

■很好 ■较好 ■一般 ■不好

图 3-61 村中文化熟悉情况　　图 3-62 历史文化保存情况

3.6　问题总结

图 3-63　人物评价

三生空间失调	文化传承失态	村落共同体失活
村庄格局风貌破碎	民俗工艺传承断代	村庄治理主体模糊
农业链条短，效益低	古建遗址修缮缓慢	三村难融
文旅产业体系不完善	文化宣传力度不够	三村难达共识
基础设施有待提升	文化产品挖掘不深	三村难谋共同发展

图 3-64　问题总结

4　发展研判

4.1　上位规划——顺背景之趋势

上位规划　　　　　　　　　　　　　　　　　表 4-1

政策文件	相关内容
《渭南市乡村振兴战略农业产业规划》	①中部建立主要粮食作物生产区； ②鲜食枣产业功能区； ③重点打造沿黄公路南段百万亩设施农业区
《渭南市城市总体规划（2016—2030 年）》	渭南沿黄城镇带，包括大荔，发展以沿黄生态、现代农业、精品旅游、特色小镇为发展主体，以韩城、大荔为中心节点，主动对接陕西省沿黄城镇带发展

政策文件	相关内容
《大荔县城乡总体规划暨"多规合一"（2017—2035 年）》	①融合三产：农业兴县、新工强县、商贸活县、旅游立县； ②县域综合交通规划：在朝邑镇、官池镇各设置 1 座长途汽车站，其他建制镇设置长途汽车停靠点； ③城市道路交通规划：新建 242 国道跨洛河大桥，加强中心城区与朝邑镇的联系
《大荔县土地利用总体规划（2006—2020 年）》	①以朝邑镇的周唐古建筑群、"天下第一仓"等旅游景观及黄河湿地旅游景点建设为依托，培育发展文化企业和文化产业，打造"生态福地、人文大荔"旅游品牌，以林果生态环境为载体，发展历史人文旅游和绿色田园风光； ②适当调减交通沿线与城镇周边规划预留的新增建设用地区范围内的耕地，包括朝邑镇等
《大荔县国民经济和社会发展第十四个五年规划和二〇三五年远景目标纲要》	①朝邑镇以发展历史文化、粮食文化、湿地生态旅游产业为主，建成区域特色旅游中心； ②实现冬枣适宜区全覆盖，构建"冬枣种植 + 生产营销 + 特色旅游 + 文化对外交流"相结合产业发展新模式； ③提升丰图义仓景区，做好粮食、农耕、仓储文化、观光园和粮油展销板块开发，保护修复古渡、古仓、古祠、古镇、古村等黄河文化遗迹，讲好黄河故事大荔篇系； ④依托丰图义仓景区提升项目，规划建设好"三河文化博览园"（在丰图义仓东侧），打造国家粮食安全教育基地，加强与华山等周边景区的融合，加速融入晋陕豫旅游经济圈和沿黄旅游经济带； ⑤加快建设农业社会化服务体系：推广"村集体经济组织 + 龙头企业 + 农户"模式，促进小农户与现代农业有机衔接
大荔出台"一体两翼"农业高质量发展重磅文件	县财政每年列支 3000 万元，用于特色优势产业奖补。开展线上助农行动、线下推介宣传行动等具体任务制定了一系列奖励政策，对电商销售额 500 万以上予以奖励

4.2 人群分析——应大家之所需

关注人群需求，对后续策划有重要的指导价值，策划中要解决人群关注的村庄痛点问题，实现人群的重点诉求。

图 4-1 人群诉求分析

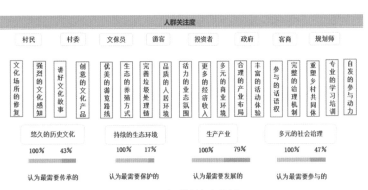

图 4-2 人群关注度分析

4.3　限制性及优势分析——汇发展之基础

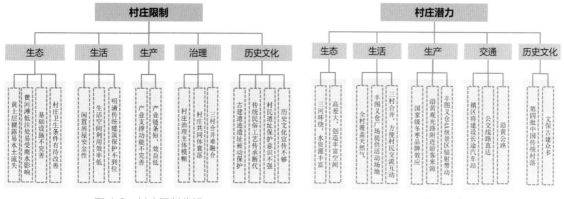

图 4-3　村庄限制分析　　　　　　　　　　　　图 4-4　村庄潜力分析

4.4　区域联动——创振兴之格局

　　建立有序的景区产区联动体系，构建有利于多方互动共赢的合作关系；同时以优势景区、产区带动有条件的村落发展，对村落进行适度联动开发，地区内各景区、产区、村落共同实现在经济、文化、社会、环境层面获得可持续生产旅游发展的最佳效益。

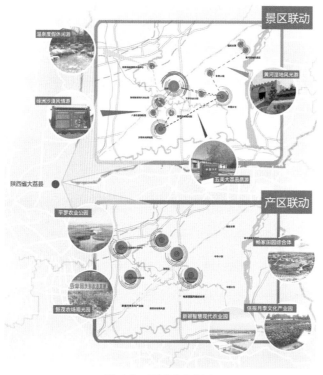

图 4-5　区域联动分析

5 四态活而"构"大寨

5.1 发展定位：一地一园一村

打造一地一园一村：西部古粮仓文化第一体验地、大荔县生态有机冬枣示范园、多遗址传统村落关中文旅示范村。

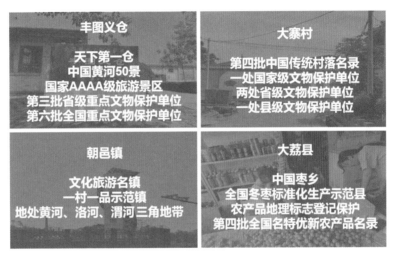

图 5-1 定位分析

5.2 策略总纲

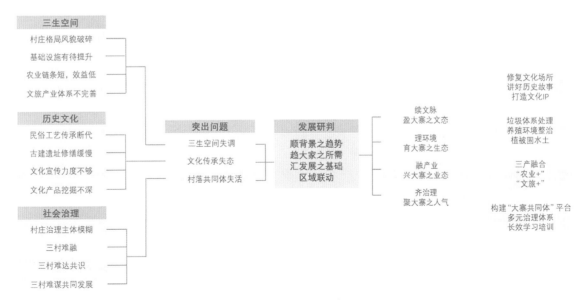

图 5-2 发展策略框架图

通过线上搜集资料，线下问卷访谈实地调查，对大寨村的三生空间、历史文化、社会治理进行调研，总结大寨村突出问题为三生空间失调、文化传承失态、村落共同体失活，问题结合发展研判，提出续文脉、理环境、融产业、齐治理四个方面的策略。

5.3 续文脉，盈大寨之文态

5.3.1 修复文化场所，重塑文化

村中建筑遗址亟需修复，综合考虑其价值、损坏现状，以原真性为前提，对岱祠岑楼、金龙寺塔、明清民居、革命纪念碑广场等用传统建造技艺及传统材料对其修复，保证修旧如旧，既显古风又显古艺。

5.3.2 打造文创 IP，传播文化

打造大寨 IP，以大寨村地域特色文化挖掘为着力点，将优秀文化元素融入文创产品设计，探索大寨村地域文化的应用新形式。

将粮食农耕文化、建筑遗址承载的佛道文化、悠久的民俗文化衍生为四个系列的文创产品：大寨风韵、大寨静境、大寨物语、大寨粮香。

图 5-3 文化重塑

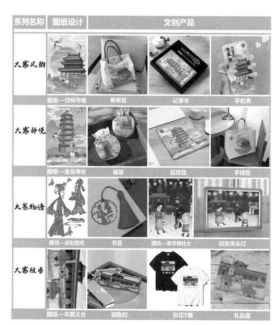

图 5-4 文创产品示意图

5.3.3　讲好大寨历史，发扬文化

大寨村历史悠久，文化内涵丰富，建筑遗址价值高，村中老人对村史记忆深刻，诉说大寨往事，村中时有学生、文化爱好者学习调研。在此基础上，打破传统导游式讲解，开展导游＋村中老人＋周边学生＋社会志愿者（高校志愿者）多元讲解模式。同时与周边学校合作开展"小小文化传承志愿者"活动，和高校签订实践协议，多元主体发扬大寨文化。

历史故事讲解　　　　　　　　　　　　　　　　　　　　　　　　　　　表 5-1

历史故事类型／建筑名称	讲解内容
丰图义仓	历史故事、粮食文化、农耕文化、历史价值
岱祠岑楼	建筑建造技艺、历史价值
金龙宝塔	建筑建造技艺、历史价值
三河文化博物馆	三河文化、风土人情
红色文化	中条山战役后方医院、无偿供地建陵园、革命事迹
民俗文化	民间演艺、民间节庆、民间工艺、饮食文化
宗教文化	佛道文化历史
悠悠村史	"凤凰故里"、村中名人

5.4　理环境，育大寨之生态

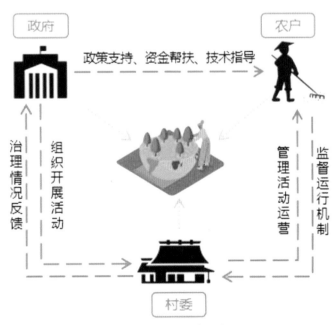

图 5-5　理环境运行机制

5.4.1 生活垃圾处理

建立户—村—镇模式进行垃圾分类、收集转运、集中处理。村内垃圾分类、卫生宣传，依托村规民约形成垃圾处理机制，举办房屋环境美化评比大赛，调动村民积极性，使村内打扫常态化，逐步推进垃圾分类收集。

5.4.2 养殖环境改善

政府进行技术指导，资金投入，村委强化兽医队伍管理并开展养殖培训活动提高村民卫生意识。村民依托村规民约定期对养殖场地进行清洁消毒，保证卫生科学养殖，使得畜牧养殖清洁化，逐步推行生态养殖。

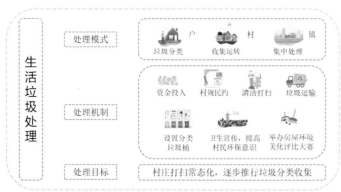

图 5-6 生活垃圾处理

图 5-7 养殖环境改善

5.4.3 植被覆盖固水土

因地制宜、科学植绿，做到应绿尽绿，对裸露土地"量体裁衣"，下足绣花功夫，让裸露土地披上"环保新衣"，做到应治尽治，确保农村环境"大变样"。

5.5 融产业，兴大寨之业态

融入多元主体参与发展理念，构建集一、二、三产业与农文旅相结合的乡村振兴发展系统，文旅为主的第三产业协同生态有机种植的第一产业共同发展，带动第二产业建成围绕村内民居布局的作坊加工，构建以第三产业同第一产业促第二产业，实现三产融合良性循环体系，推动大寨村协同发展。以文旅为主，打造可学可玩可赏型活动；农旅为力，引领冬枣生态有机化种植；商旅为魂，夯实加工业多样化生产。

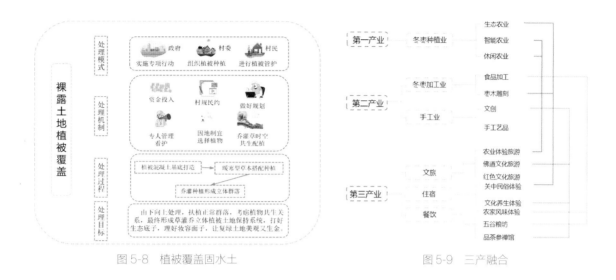

图 5-8 植被覆盖固水土　　　　　　图 5-9 三产融合

5.5.1 "农业+"

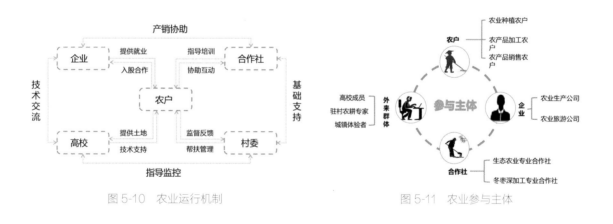

图 5-10 农业运行机制　　　　　　图 5-11 农业参与主体

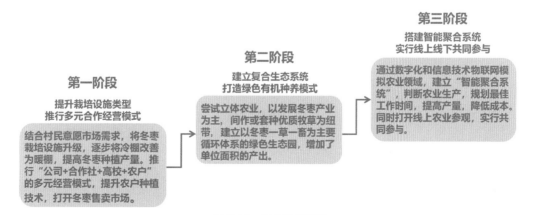

第一阶段

提升栽培设施类型
推行多元合作经营模式

结合村民意愿市场需求,将冬枣栽培设施升级,逐步将冷棚改善为暖棚,提高冬枣种植产量,推行"公司+合作社+高校+农户"的多元经营模式,提升农户种植技术,打开冬枣售卖市场。

第二阶段

建立复合生态系统
打造绿色有机种养模式

尝试立体农业,以发展冬枣产业为主,间作或套种优质牧草为纽带,建立以冬枣-草-畜为主要循环体系的绿色生态园,增加了单位面积的产出。

第三阶段

搭建智能聚合系统
实行线上线下共同参与

通过数字化和信息技术物联网模拟农业领域,建立"智能聚合系统",判断农业生产,规划最佳工作时间,提高产量,降低成本。同时打开线上农业参观,实行共同参与。

图 5-12 农业阶段目标

5.5.2 "文旅+"

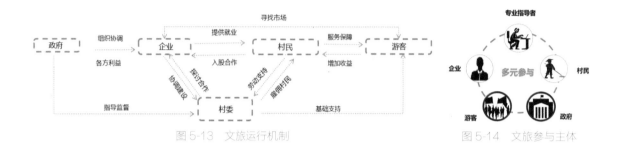

图 5-13 文旅运行机制　　　　　　　　图 5-14 文旅参与主体

5.6 齐治理，聚大寨之人气

5.6.1 构建激励机制，搭建"大寨共同体"平台

村民缺乏参与村中事务意识，对政府企业依赖强，对村中发展持悲观态度。大寨村欲长久持续发展，需要激发村民参与动力，发挥其内生动力，搭建"大寨共兴"平台，引导村民发挥主人翁意识。

5.6.2 织补村庄边界，缔造大寨新约

缔造新的村规民约，以村委为主，村民为辅，制定新的村规民约，共同协调监督"大寨共同体"，通过"三共"达到村庄边界修复的目的。

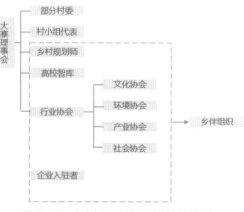

图 5-15　大寨村共同体平台　　　　　　图 5-16　大寨村理事会及乡伴组织构成

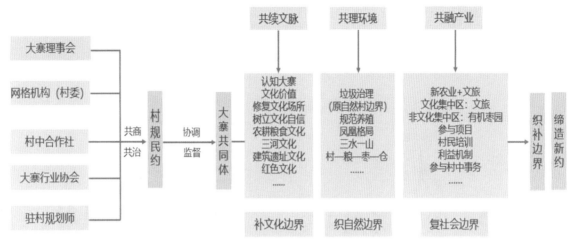

图 5-17　治理流程

5.6.3　长效学习，建立培训机制

由行业技术、大学生智库、规划师结成乡伴组织，为村民定期讲授大寨生态、文化、产业、社会方面的内容，倡导村民积极参与，并以年度为单位评选表现优秀者。

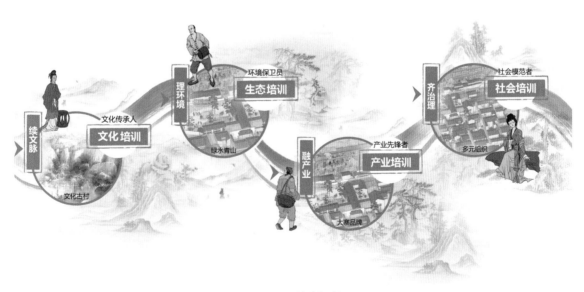

图 5-18　培训机制

5.7 策划及布局

5.7.1 目标客群

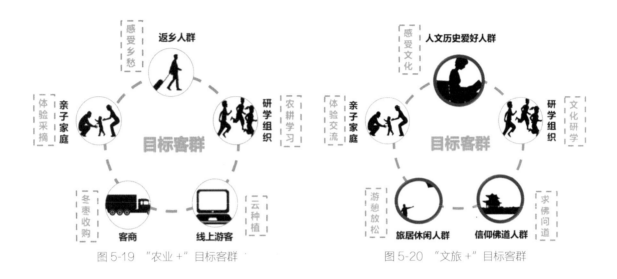

图 5-19 "农业+"目标客群   图 5-20 "文旅+"目标客群

5.7.2 渔樵耕读农耕文化体悟区

丰图义仓提升项目			
展览馆	粮食仓储器具文化展	阎敬铭纪念馆	党史革命纪念馆	朱文公祠堂
提升体验活动	"连一连"对应游戏	观影"阎先生的一生"	VR眼镜感受革命烈士激情热血	观影"朱先生的一生"
提升展示形式	音频动画	音频影视	3DVR	展板陈列
综合提升	建筑导览适幼化、适老化（坡道台阶、展板字体、动画音频）			

图 5-21 丰图义仓提升项目

图 5-22 渔樵耕读农耕文化体悟项目

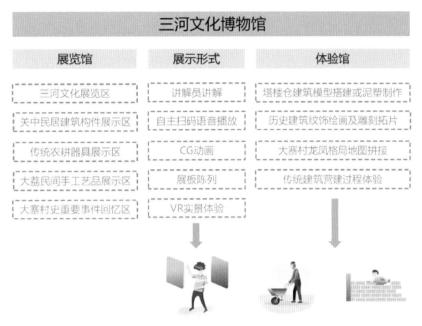

图 5-23　三河文化博物馆项目

5.7.3　佛道文化体验区

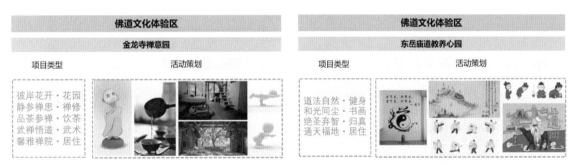

图 5-24　金龙寺禅意园项目　　　　　　　　　　　　图 5-25　东岳庙道教养心园项目

图 5-26　长春—连城生态廊道项目

5.7.4　合采乐农休闲农业体验区

目标定位：关中现代冬枣生态产业园（标准化种植、规范化管理、社会化服务）

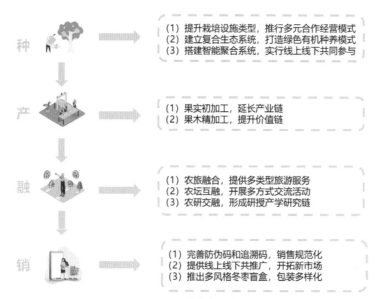

图 5-27　现代冬枣生态产业园项目

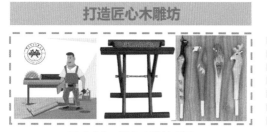

图 5-28　匠心木雕坊项目

图 5-29　冬枣采摘高农会

5.7.5　黎明丰碑红色文化游览区

图 5-30　黎明丰碑红色文化游览区项目

5.7.6　长春晓日关中民俗体验区

图 5-31　田野归居项目

图 5-32　匠心体验坊

5.7.7　空间布局

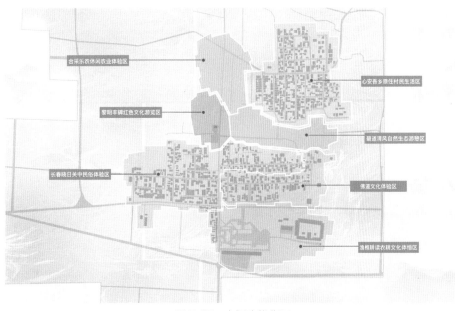

图 5-33　空间功能分区

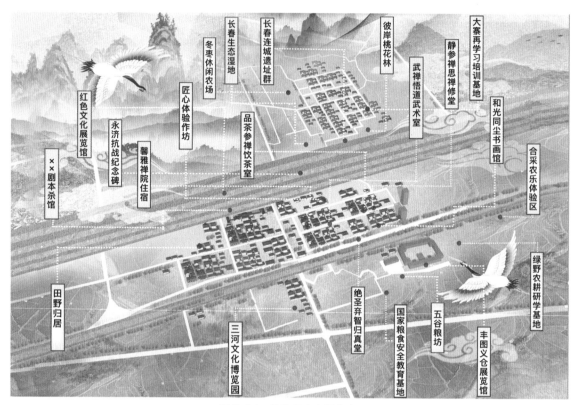

图 5-34　旅游节点空间分布

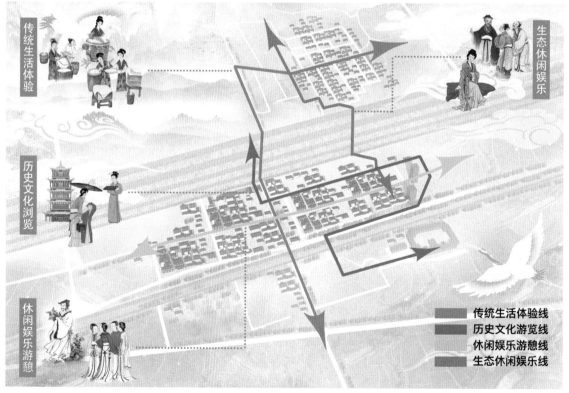

图 5-35　文旅线路空间分布

5.8 运营实施保障

5.8.1 政府保障机制

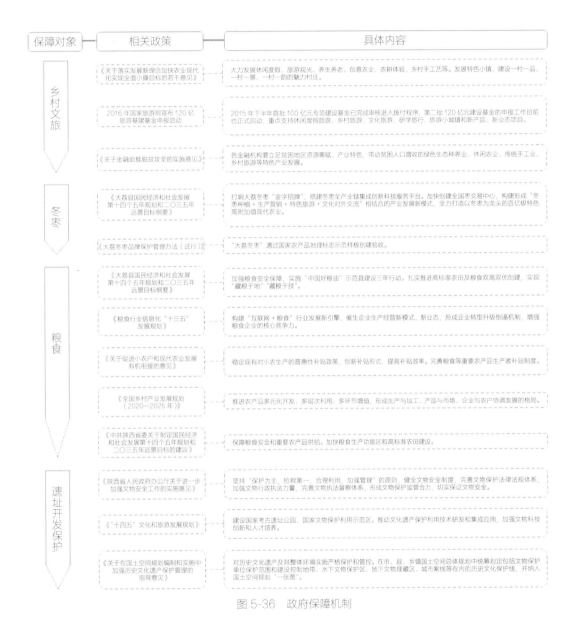

图 5-36 政府保障机制

近年来，政府不断出台乡村扶持政策，为包括大寨村在内的村庄提供了政策上的保障及扶持。

5.8.2 土地流转机制

村民拥有权利包括土地使用权，宅基地以及劳动力。

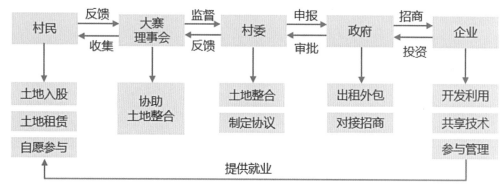

图 5-37　土地流转机制

5.8.3　开发利用机制

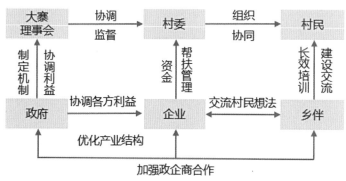

图 5-38　开发利用机制

村庄发展要重视村民参与，村民受益，使村庄开发与当地居民利益融为一体，鼓励和扶持村民参与村庄开发，制定合理的管理、运营方案。

5.8.4　科技赋能保障

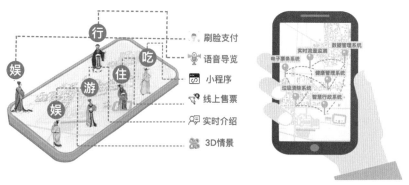

图 5-39　"掌上大寨"APP

开发"掌上大寨"APP，构建智慧体系，引领大寨未来。通过数字化手段推动大寨产业融合发展，打造掌上大寨文旅产业园，保障游客吃住游娱行的方便快捷。注重线上线下结合，助力数字大寨建设，搭建大数据平台，构建智慧服务体系，使大寨村各项功能系统协调高效运行。

5.8.5 项目策划发展进度

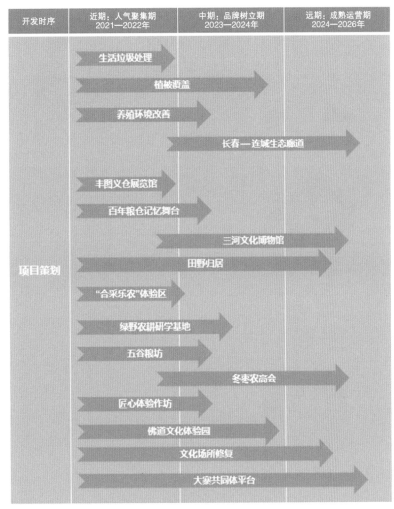

图 5-40 项目策划图

要素流入，精准振兴

二等奖

【参赛院校】上海大学上海美术学院

【参赛学生】

李 瑜　　金韵绮　　严 一　　杨殊同

王诗钧

【指导老师】

刘 勇

作品介绍

一、课题背景

1. 长三角一体化纲要中城乡发展的新思路

2019 年 5 月审议通过的《长江三角洲区域一体化发展规划纲要》中明确长三角区域要"推动城乡区域融合发展和跨界区域合作，提升区域整体竞争力"。上海的发展离不开长三角地区兄弟省市的资源要素支持，今后上海作为长三角的龙头区域，应整合引导各类要素区域间均衡流动，通过带动资源要素下沉进一步破解乡村发展困境，引导乡村社区重构，带动苏浙皖融合发展。

2. 浙江省政府"两进两回"行动助推乡村振兴

"两进两回"（科技进乡村、资金进乡村、青年回农村、乡贤回农村）是破解乡村要素制约，加速资源要素流向农村，推动农业农村高质量发展的重要途径。"两进两回"行动是从根本上为乡村注入活力和生机，是浙江乃至全国乡村振兴的关键所在，在此基础上探索如何引导多元要素回流乡村是"两进两回"的核心议题。

为推动科技、资金、人才等资源要素流向农村，激发乡村发展活力，推进乡村全面振兴，浙江省委、省政府高度重视"两进两回"工作，落实"科技进乡村、资金进乡村、青年回农村、乡贤回农村"，推动各类要素"上山下乡"。

主要目标：到2022年，培育青年"农创客"1万名、"新农人"1万名，培育省级"青创农场" 400家；吸引20万名新时代乡贤返乡回乡投资兴业、建设家乡，乡贤助推乡村振兴作用发挥更加充分。

鼓励青年回乡参与乡村振兴	支持青年回乡发展产业	培育青年"农创客""新农人"
吸引乡贤回归	规范乡贤组织	发挥乡贤作用

3. 要素流入视角下浙江省乡村现状预调研

预调研选取了丽水、衢州、台州、金华、湖州5个市的10个乡村，对其乡村历史变迁、经济社会发展、农业农村产业发展情况、人口流动等情况进行预调查，并针对村干部、村民展开了访谈。

金华市人民政府办公室
2020年政府工作报告摘要
加快建设新时代和美乡村。健全"两进两回"长效机制，推进资源要素流向农村，激发乡村活力。

衢州市人民政府办公室
《关于全面推进农村土地集中连片流转的实施意见》
强化产业招商。加大产业招商力度，抓住"两进两回"、村企结对等契机，找准工商资本投资乡村产业的重点领域和发展方向，主动对接，引入有实力的经营主体，大力发展美丽经济幸福产业。

丽水市乡村振兴指挥部办公室
《丽水市2020年乡村振兴工作要点》
激励"两回"人才返乡入乡。健全"两进两回"长效机制。加强创业创新平台建设，打造一批农业科技园区、重点农业企业研究院、返乡创业孵化实训基地、星创天地、青创农场和创业创新园，积极实施农业产业领军人才培养行动计划和丽水市乡村振兴新青年发展计划。

湖州市人民政府办公室
《关于全面推进"两进两回"行动的实施意见》
坚持农业农村优先发展，全力畅通资金、技术、人才等下乡通道，推动形成科技进乡村、资金进乡村、青年回农村、乡贤回农村的"两进两回"长效机制，为加快"两山"转化，奋力开创我市新时代高质量赶超发展新局面提供强有力保障。

台州市百村示范千村整治工作协调小组办公室
《2019年度全市农村人居环境整治和美丽乡村建设实施方案》
从满足农民群众对美好生活的向往和解决不平衡不充分发展为出发点，以"两进两回"为重点，加快实现农村产业振兴、生态振兴、文化振兴、人才振兴、组织振兴，全域创建整体提升，美丽乡村建设迭代升级，各县（市、区）每年25%以上行政村建成新时代美丽乡村。

调研发现，大部分乡村要素流入现象并不突出，产生的带动作用不明显，但在芝英一村和芝英八村存在大量的要素流入情况，在初步了解当地情况后，团队选择芝英镇进行深入调研。

序号	名称	回流人数	性别	年龄	婚姻状况	学历水平	在外工作	回流工作
1	芝英八村	存在大量要素流入现象，有乡贤回流担任本村村干部或就地办厂，有占本村人口三分之一外来劳动力在本村租房，有8位本村受高等教育青年回乡从事互联网创业。						
2	官浦垟村	无	—	—	—	—	—	—
3	金源村	1	男	26	已婚	本科	无	胡柚种植
4	芝英一村	存在大量要素流入现象，有乡贤回流担任本村村干部或就地办厂，有占本村人口四分之一外来劳动力在本村租房，有5位本村受高等教育青年回乡从事互联网创业。						
5	金坵村	2	男	37	已婚	高中	在外打工	民宿经营
			女	36	已婚	高中	在外打工	民宿经营
6	源底村	3	男	42	已婚	初中	在外打工	民宿经营
			男	27	已婚	本科	青瓷制作	青瓷文创
			女	27	已婚	本科	青瓷制作	青瓷文创
7	大漈村	2	男	37	已婚	高中	在外打工	茭白种植加工
			男	40	已婚	初中	在外打工	民宿经营
8	东沙社区	1	男	33	未婚	专科	摄影、绘画	艺术工作室
9	张思村	无	—	—	—	—	—	—
10	蕉川村	无	—	—	—	—	—	—

二、文献回顾

团队以乡村要素流入和乡村振兴为方向进行文献综述研究，并梳理总结通过要素流入带动乡村振兴的路径模式。现有研究认为，乡村振兴的指向是乡村内在的自给繁荣和外在的城乡融合，体现在四方面：①产业的优化、引入和多元化发展；②土地和资源的盘活利用；③人才的引入和助力发展；④地域文化的弘扬与传承。

其发展模式和路径如下：

土地盘活与产业置入 → 吸引劳动力和资本的流入 → 乡村能人助力乡村治理 → 乡村重拾传统文化价值 → 实现乡村复兴

三、研究主题与方法

本课题调研经历了两个阶段：

第一个阶段（2015—2019 年），是对浙江省的 10 个乡村进行前置调研。包含对乡村问题的分析、发展阶段的研判、乡村振兴的工作进展等内容，最终锁定芝英镇 8 个中心村为调研对象。

第二个阶段（2019—2021 年），是对芝英镇 8 个中心村的乡贤、创业者、外来劳动力、乡村发展经验进行深度调研。对 8 位返乡村干部、5 位返乡创业者进行了深度访谈，向 8 个村共 309 名外来劳动力发放了调查问卷。试图发现城乡要素流动的过程与机制，研判要素流动的难点与问题，并提出团队的措施与行动。

四、调研内容

1. 辛苦创业，家乡情怀：8 位应氏企业家返乡治村

本团队对 8 个村的村主任、书记进行了一对一的深度访谈，由此了解他们的创业经历、返乡契机和治村行动。

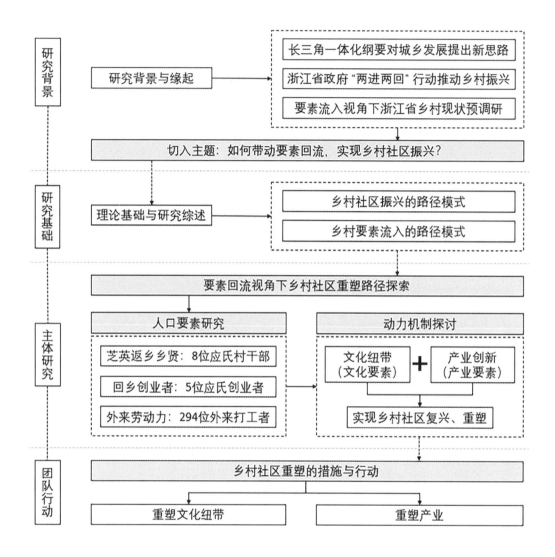

在外辗转多地的创业经历

芝英四村书记，1985年前一直在外从事修秤、锅炉铸造等手工业，1990年开始去各地钢铁厂收集钢铁废料来加工，2000年，去上海宝钢发展。

根植于内心深处的家乡情怀

芝英六村村主任，13岁时隔壁失火导致家中房屋被烧后依靠村民送粉干、旧衣接济，回乡竞选村主任就是想报恩，尽量把村里面搞得好一些。

返乡引导家乡发展

芝英三村书记，1984年任职后在三村内发展钢铁市场、菜场、宾馆等村集体经济，将摊位出租费发放给村民。

任职名称	任职时间	任职时长	返乡年龄
芝英一村村主任	2010年	10年	45
芝英二村书记	2017年	3年	50
芝英三村书记兼村主任	1984年11月任职书记，1990年任书记兼村主任	总计20年兼任书记、村主任，36年担任书记	37
芝英四村村主任	2014年	6年	41
芝英五村村主任	2009年	11年	52
芝英六村村主任	2007年	13年	49
芝英七村村主任	1994年底上任村主任，1997年任书记，后交替担任村主任、书记	至今已任12年（4届）村主任、14年书记	39
芝英八村书记	2001年下半年	19年	30

2. 代际流转，创新发展：5 位应氏创业者的创业经历

团队对 5 位处在不同行业、不同工作状态的年轻人进行调研，重点了解年轻人返乡动机，返乡工作生活状态的变化。

3. 背井离乡，砥砺前行：294 位外来劳动力的芝英生活

团队发放 300 余份问卷，就外来打工群体来到芝英的动机、家庭情况、教育水平、工作待遇、生活状况、社会交往等多方面情况进行调研。

五、要素流入解析

1. 流入要素类型

当前流入到芝英镇的要素主要分为三类，分别是：人口要素、产业要素、技术要素。三类要素的流入并不是相互割裂、独自进行的，这三类要素内部有较强的联系，是相互关联、紧密联系的。

回流乡贤

回流乡贤主要为在外成功的企业家，回到家乡后参与乡村治理和建设工作，稳定性强。

外来打工群体

外来打工群体大多在芝英镇集镇古村内租房，外来打工群体数量保持在2400人左右。

返乡年轻人

年轻人返乡从事各种类型的工作，但稳定性较差，流出现象较多。

五金制造业

芝英当地产业园形成的五金制造业产业集群。

产业资本

外部资本投资本地产业集团，形成一批龙头企业。

人口要素 / 产业要素 / 技术要素

智能制造

芝英当地企业需要产业升级，对智能制造技术和相关人才有较大需求。

互联网贸易

回流年轻人具有一定知识积累，能够从技术层面拓宽销售渠道。

2. 要素流入过程

乡贤返乡带动制造业产业和资本回流芝英，形成五金产业集群，五金产业链的形成吸引外地打工人群进入芝英，带动乡镇发展，五金产业新旧动能转换吸引年轻人返乡回流。

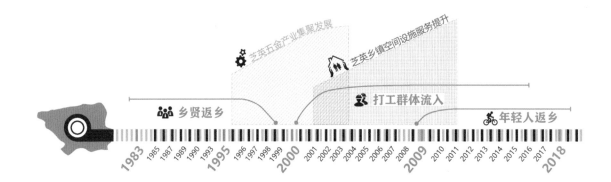

3. 动力机制与问题研判——两大核心动力，两个主要问题

六、重塑实践

1. 要素回流引导下乡村社区重塑路径探索——重塑文化纽带

发挥高校优势，引导高校资源流入乡村，带领乡村各类社会群体重新感知芝英传统文化价值，增强芝英传统文化的感染力。

01 团队推动组织大学生暑期社会实践，指导小学生学习芝英历史文化

03 协助组织中美联合设计工作营，与村民共同探讨乡村社区文化价值

02 配合指导老师，组织高校设计课程，学生与村民成立设计小组

04 团队与PACC共同组织五金非遗传承人研究班活动

2. 要素回流引导下乡村社区重塑路径探索——重塑乡村产业

全过程参与乡村社区产业规划和落地实践，引导芝英产业升级，打造芝英生产、生活、生态三生合一的乡村社区产业体系，提升芝英产业吸引力，吸引更多年轻人回到芝英。

01 团队负责乡村社区产业体系规划专题，规划三生合一乡村产业体系

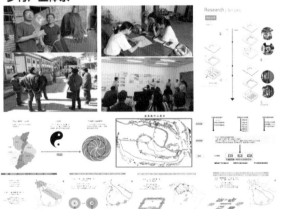

02 在村委带领下，团队与村民达成思想共识，构建三生合一产业体系

要素流入，精准振兴

摘要：乡村振兴是国家当前的重大战略。历史上，乡村要素一直被动流出，城市不断向乡村提取剩余价值，导致乡村"空心化、老龄化"。为实现要素回流，引导流入要素实现乡村社区的重塑，对芝英镇 8 个中心村的乡贤、创业者、外来劳动力进行深度访谈和问卷调研。当前芝英镇的流入要素主要分为人口要素、产业要素、技术要素三类，主要受传统宗族文化、五金产业发展升级需求影响。访谈发现当前芝英存在传统宗族文化的影响力正在减弱，传统五金产业路径依赖导致芝英产业发展思路不清，产业转型升级缓慢，产业吸引力正在丧失的问题。建议以"文化纽带重塑、产业路径重建"为抓手，结合高校资源优势参与引导多元要素回流，带动乡村社区空间重塑。

关键词：要素回流；乡村振兴；文化纽带重塑；产业路径升级

目　录

1 课题研究背景

乡村振兴是打赢脱贫攻坚战、全面建成小康社会后，需要做好的下一篇大文章。长期唯城市发展论的思维方式，使乡村要素以工农产品价格剪刀差、廉价劳动力、农村土地资源这三种形式持续向城市输入，导致乡村出现"空心化""老龄化"等现象。如何建立一种要素回流机制，引导多元要素回流到乡村，破解当前乡村发展困境，从根本上实现可持续的、高韧性的乡村建设是本报告重点探索的问题。

1.1 浙江省政府"两进两回"行动助推乡村振兴

"两进两回"（科技进乡村、资金进乡村、青年回农村、乡贤回农村）是破解乡村要素制约、加速资源要素流向农村、推动农业农村高质量发展的重要途径。浙江省委、省政府高度重视"两进两回"工作，《中共浙江省委浙江省人民政府关于落实农业农村优先发展总方针推动"三农"高质量发展的若干意见》（浙委发〔2019〕11号）明确提出"实施'两进两回'行动计划，推动各类要素'上山下乡'"。探索如何引导多元要素回流乡村是"两进两回"的核心议题。

1.2 研究问题界定

本课题的研究问题是新时期乡村应当如何实现要素引流，并在要素向乡村流动后如何重塑乡村社区。

传统城乡二元社会结构影响下，乡村的三大主要生产要素（劳动力、资金、土地）单向地流向城市，这种资源要素流动模式使得城镇化取得了巨大的成功，但乡村也因此呈现出日益衰败的景象。为了扭转资源要素单向流动的模式，构建新型城乡关系，就必须以城带乡、以工促农，促进城乡要素自由流动和平等交换。刘婧元提出"引导资源要素向乡村回流，实现城乡资源要素融合，是乡村振兴战略实施的必要途径，乡村振兴需要积极探索乡村要素回流和城乡要

图1-1 城乡发展新思路示意图

素融合的实现形式"。

课题所研究要素主要包括人口、土地、企业、科技、资金、文化等，其中，人、地、文化三种要素是乡村与生俱来的资源，具有不可替代性、不可复制性，也是乡村最根本的资源。人主要指高素质人才、劳动力、乡贤、企业家等，学者普遍认为实现乡村高质量发展的关键要点是优质劳动力的回流；每个乡村的土地都是极其有限的，如何让流转土地带来更多财富是乡村致富的重要条件；乡村文化、乡村社会伦理价值观念是中国乡村社会的组织原则和方法，新时期重建与复兴乡村伦理也是乡村振兴不可或缺的一项重要内容。

研究以浙江省的乡村为例，浙江乡村发展在全国处于领先地位，浙江乡村当前发展面临的问题以及解决问题的方法路径值得其他省市借鉴学习。

1.3   主要研究内容：乡村要素流入

据国家统计局统计，2016年城市居民人均可支配收入是农村居民的2.72倍，振兴乡村需要从社会、经济、文化等深层动力机制上解决当前农村的问题。乡村振兴战略既是新农村建设实施12年后的升级版，也意味着对城乡关系的重塑、对城乡要素的重新配置，实施乡村振兴战略涉及经济、政治、文化、生态各方面，离不开各类要素的支撑和推动。学者认为在传统城乡关系中，农村要素源源不断流入城市，而城市要素很少流向农村，城市对农村形成"输血式"的反哺，这种要素流动并未形成城乡的双向对流。农村要素长期流出多流入少，使原本稀薄的要素资源更加短缺，削弱了农村自我发展的能力，最终形成了一种"要素外流—经济发展缓慢—要素进一步外流—经济更难发展"的恶性循环。

图1-2   乡村要素流入文献内容

在新型城乡关系的愿景下，乡村通过有效地汇集资金、知识、人力等要素，引发乡村创业热潮，乡村创业催生新业态，延伸新产业，通过产业集聚、技术渗透、机制优化、体制创新等方式，促进乡村产业兴旺，以此推进乡村经济社会全面发展，乡村"凋敝"局面得以扭转，进而实现乡村振兴。

本课题着重研究人口要素，认为人口要素流动是乡村社会关系、经济结构产生变革的决定性要素。随着乡村振兴战略的实施，针对目前人才回流存在的诸多困难，除了要加大农村对于人才的吸引力之外，还要加大外界推力，通过政府引导、媒体宣传来呼吁乡村人才回到家乡，从而实现乡村人才回流。从浙江省"两进两回"行动的实践效果看，政策在乡村吸引人才回流中起到了重大的作用，众多外出劳动力会因为乡村振兴战略中为村民提供的福利和优惠而回到乡村创业实践。

结合现有研究的路径模式与浙江乡村的特性，团队认为需要了解要素流入的真实动力和内在机制，从中发现吸引要素流入的核心点，并对吸引要素流入的核心点当前状况进行评估，在此基础上提出针对性策略来重塑乡村社区。

2　研究主题与方法

2.1　研究方法和路径

2.1.1　调研形式

本课题团队在 2015—2019 年期间，对浙江省的 10 个乡村进行预调研，包含对乡村问题的分析、发展阶段的研判、乡村振兴的工作进展等内容，最终锁定芝英镇 8 个中心村为调研对象，以乡村振兴和要素回流为调研主题。

2.1.2　研究方法

（1）文献分析法

通过阅读已发表的关于乡村社区复兴、乡村要素流入等文献资料，总结已有的理论研究成果，并分析存在的研究盲点；通过查阅芝英镇的地方志、地方书籍、学术论著，了解芝英镇的相关情况，探索有价值的乡村社区重塑路径。

（2）问卷调查法

对芝英镇 8 个中心村的外来群体进行问卷调查，主要针对外来群体的基本信息、工作状况、生活轨迹等进行调查，以深入了解外来劳动力对于村庄的真实感受，深度挖掘其发展诉求。

（3）访谈调查法

对芝英镇 8 个中心村的村干部、创业者分别进行深度访谈，了解村干部返乡治村的历程以及创业者的创业经历，以研究人口要素带动其他要素回流到芝英的机制，以及要素回流对于乡村社区复兴的价值意义。

2.1.3　技术路线（图 2-1）

2.2　调研对象：芝英返乡乡贤、回乡创业者、外来劳动力

在 2019—2021 年期间，本团队对芝英镇 8 个中心村的乡贤、创业者、外来劳动力进行深

度调研，总计对 8 位应氏村干部、5 位应氏创业者进行了深度访谈，向八个村共 309 名外来劳动力发放了调查问卷。分析芝英乡村社区在以上三类群体的影响下是否能够促进乡村振兴，并尝试以芝英为例，总结人口要素回流带动其他要素流动的范式路径，从人口回流的现状中总结人口回流的阻碍、乡村社区发展的短板，针对这些问题采取对应举措，以期为芝英的社区复兴提供更多的助力。

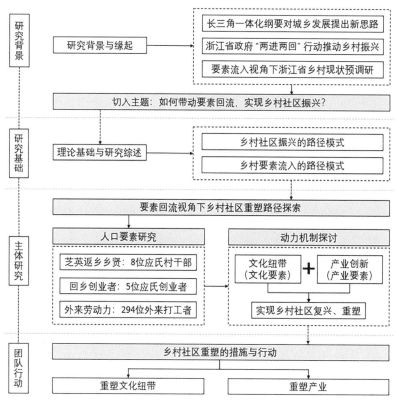

图 2-1　课题研究技术路线示意图

3　调研主要内容

3.1　辛苦创业，家乡情怀：8 位应氏企业家返乡治村

改革开放后，随着乡村经济的发展，经济能人（成功的企业家）这一社会群体在乡村社会中迅速崛起，逐渐成为参与乡村治理的重要力量之一。芝英一村到八村所在的永康市在 20 世纪 90 年代就开始鼓励私营经济企业家参与村庄治理。在浙江乡村预调研的基础上，本团队对芝英镇 8 个中心村的村主任、书记进行了一对一的深度访谈，由此了解他们的创业经历、返乡契机和治村行动。

3.1.1　在外辗转多地的创业经历

芝英是永康五金的发源地，历史上芝英人就有依靠五金手艺走街串巷的传统。改革开放后，芝英有许多企业家在全国各地办厂创业，从事与五金相关的贸易。本次调研所访谈的现任芝英一村到八村村主任、书记均有在外办厂创业的经历：

例1：芝英一村村主任，1986年前在社办企业上班，1986年于桐庐办厂，生产锁芯，后订货商倒闭，1990年回永康租厂房，开办铝件压缩厂，1991年研发出锁芯模具发明专利，1996年自建厂房，做防盗门锁，2008年研发指纹锁，后期研发生产网约房APP开锁。（其余村主任、书记创业历程见附录3）

图 3-1　团队访谈芝英各村村干部现场调研图片节选

3.1.2　宗族文化影响下的返乡动机

芝英是国内最大的应氏自然聚落，在芝英一村到八村范围内现存五十座祠堂，用于议事、庆典、祭祀等多种功能，且每年定期举办祭祖修订族谱等活动，不断固化宗族集体记忆，使远走千里的芝英人始终具落叶归根的情怀。受宗族文化的影响，芝英人对维护血脉亲情和宗族成员团结互惠极为重视，这也是本次调研所访谈到的芝英一村到八村村主任、书记的主要回村动机。芝英一村村主任受"孝"文化影响返乡的过程自述如下：

问：您为什么想要回来办厂发展呢？

答：当时我是这样想的，有公公婆婆在这里，有父母亲在这里，肯定是要自己去照顾的，太远的话没那么方便……真的是有好几次（在外地有税收优惠的）机会，在金华、武义那边都有人叫我们去，但我们是肯定要留在这里的。

在传统社会中，村民之所以依赖宗族，其中一个重要的原因就是在遭遇困难时族人能够得到宗族的关怀和帮助，这就是宗族文化中赡济贫弱的互助文化。芝英六村村主任就是因为在幼时受宗族接济，才能够在中年时期不顾家人反对，退出自办企业经营回到村内，回报宗族。

图 3-2　一村村主任介绍自身经历

3.1.3　企业家的治村行动

　　企业家具有决策迅速、社会动员能力强、效率高等独特优势，其充分运用个人能力，帮助村民群体致富，扩大村集体经济收入，由此也赢得了较高的社会声望，形成持续连任的正向循环。本次调研统计的芝英一村到八村村主任、书记，任期均为两届及以上，在任期间用实际的社会服务行动回馈村庄，谋求村集体资产的保值、增值过程，详细记录如下：

芝英一到八村村主任、书记任职情况　　　　　　　　表 3-1

任职名称	任职时间	任职时长（统计至 2020 年）	返乡年龄
芝英一村村主任	2010 年	10 年	49 岁
芝英二村书记	2017 年	3 年	42 岁
芝英三村书记兼村主任	1984 年 11 月任职书记，1990 年任书记兼村主任	总计 20 年兼任书记、村主任，36 年担任书记	30 岁
芝英四村村主任	2014 年	6 年	39 岁
芝英五村村主任	2009 年	11 年	45 岁
芝英六村村主任	2007 年	13 年	25 岁
芝英七村村主任	1994 年底上任村主任，1997 年任书记，后交替担任村主任、书记	至今已任 12 年（4 届）村主任、14 年书记	34 岁
芝英八村书记	2001 年下半年	19 年	—

　　典型企业家治村行动案例：

　　芝英三村书记于 1984 年任职，同时开始管村内工业，上任后，他在三村内发展钢铁市场、菜场、宾馆等村集体经济，将摊位出租费发放给村民。并且，他还谈到了村庄下一阶段的发展目标：将国有土地的出让金，投资到养老院的建设等领域。

图 3-3　三村书记介绍自身经历

3.2　代际流转，创新发展：5 位应氏创业者的创业经历

第二代应氏青年开始在传统产业基础上开拓创新，他们普遍选择了与上一代芝英人办厂起家不同的创业道路。通过访谈梳理在外地接受高等教育后返乡的应氏青年创新创业历程，本团队对他们的回乡原因、价值贡献、面临困境做了提炼与分析。

3.2.1　地域优势，创新创业

芝英的回乡青年创新创业涉及的行业多样，以传统五金企业管理、电商、餐饮娱乐业为主。部分回乡创业的青年以完整的五金产业链基础为依托，在电商平台从事五金成品、半成品售卖工作，以较低的成本开始创业。此外，芝英当地丰富的劳动力资源也为餐饮娱乐业的创业提供了市场，依靠家庭提供的少量启动资金和银行贷款帮助，部分创业青年选择了与芝英传统五金制造业完全不同的第三产业作为从业领域。同时，在国外学习市场管理、工业设计等专业的青年返乡后，因专业对口、家庭积累、本地优势，陆续进入传统五金企业的管理层，通过创新经验提升产业层次与附加值。

返乡青年的电商创业与海外销售创新为芝英传统五金行业提供了销售渠道多元化的初步尝试。本次调研主要对回乡双创青年的从业历程做了详细记录，如下：

2006 年，当时 20 岁的应致远作为最早的一批淘宝客服，逐渐了解并踏入了电商行业，芝英良好的五金产业基础，使应致远选择了五金百货作为主要销售产品。"我卖过很多产品，卖过跑步机，我们当地小厂生产的，保温杯、锅都有卖。我们其实那时候是什么产品火就卖什么。"（其余返乡青年介绍详见附录 3）

3.2.2　人才流动，纽带渐弱

与 20 世纪七八十年代创业企业家具有的丰富宗族认知度不同，返乡青年普遍在初中、高中阶段就在外求学，他们对当地宗族文化中的亲属间信任及团结互惠感受不深，管理决策多从企业自身利益出发，较难产生服务村庄的使命感和荣誉感。本次访谈到的返乡青年，在最初返乡时选择本村作为事业起点，在后期这些创业者存在因各种行业局限、寻找更好服务环境、自身发展等各种原因离开芝英的行为，剩余坚持留在本地的青年对当地的服务政策也提出了诸多意见。

图 3-4　应氏回乡访谈现场图片节选

应致远表示："以前快递很不方便……在芝英镇发货，等快递员来，都晚上八九点了，而且仓库空间也不够。"芝英物流业配套的局限性迫使应致远等电商外出寻求更好的机会。

应迪东表示："工厂劳动力有一些限制，去年开始招工很艰难。"此外，雨污分流方面配套设施较不足，基础服务环节较薄弱也曾经困扰着他，大多企业都是独自奋斗的状态。

应迪广表示："他决定未来到杭州安家，陪女朋友。同时，杭州还有比永康更广阔和高端的发展平台。"

芝英的本地年轻人普遍对居住条件有较高的要求，一旦收入改善，倾向于选择市中心较好的生活服务设施。随着年轻人对宗族社会的地缘单位认同感的逐渐削弱，其参加的宗族文化仪式也正在逐渐形式化，最直接的体现是年轻人才对村庄与宗族的帮助方式逐渐单一化、金钱化。

典型案例：对于镇里统一组织的清明祭祖活动，年轻企业家应迪东并没有去参加。"我知道今天上午镇里组织了祭祖，听说每个村都要有几个代表。我没有去，但一般有大型活动或者村干部上门募集村庄建设资金，我都会跟着捐一定数额的钱款。"

3.3　背井离乡，砥砺前行：294 位外来劳动力的芝英生活

根据调研资料，截至 2021 年，芝英八个村共有约 3000 人的外来劳动力，而本地的村民常住人口约为 8000 人。针对这种现象，课题研究团队认为外来劳动力是芝英八个村重要的社会构成部分，也是流入芝英的人口要素的重要组成部分。只有充分认识外来劳动力的特征、

需求，以及对芝英造成的影响，才能够更精准地管理、服务这些外来劳动力。

课题研究团队设计了针对外来劳动力的调查问卷（附录1），以芝英8个中心村中的方口塘为中心，首先沿方口塘一环进行问卷发放，以第一环为起点，向外每隔约70m为下一环，逐环发放调查问卷共309份。调查问卷发放统计结果为一环15份，二环48份，三环105份，四环78份，五环63份。回收有效问卷294份，有效率为95%。

描述性统计分析发现，大部分外来打工者都来自农村，主要从事专业技术型、生产

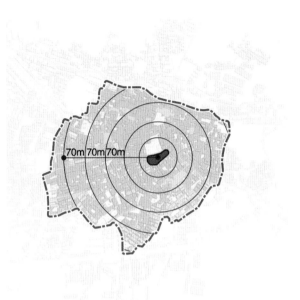

图3-5 问卷发放范围示意图

运输设备操作型工作，月收入中位数约为5300元，外来打工者中已婚者较多，年龄段普遍集中在30~49岁之间，受教育程度较低，主要以中小学毕业为主。值得关注的是超过50%的外来打工者近期内没有离开芝英的打算，有必要进一步对外来打工者对芝英村的影响进行分析。

调查数据的描述性统计　　　　　　　　　　　　　表3-2

数据类型		变量	频数	占比（%）	累计占比（%）
个人特征	性别	男性	160	54.42	54.42
		女性	134	45.58	100.00
	婚姻情况	未婚	14	4.76	4.76
		已婚	237	80.61	85.37
		离异	41	13.95	99.32
		丧偶	2	0.68	100.00
	年龄	10~19岁	11	3.74	3.74
		20~29岁	39	13.27	17.01
		30~39岁	78	26.53	43.54
		40~49岁	45	15.31	58.84
		50~59岁	50	17.01	75.85
		60~69岁	53	18.03	93.88
		70岁以上	18	6.12	100.00

数据类型		变量	频数	占比（%）	累计占比（%）
个人特征	受教育程度	小学及以下	70	23.81	23.81
		初中	165	56.12	79.93
		高中	29	9.86	89.80
		大专	16	5.44	95.24
		研究生	14	4.76	100.00
工作情况	务工收入（月收入）	低于 2000 元	21	7.14	7.14
		2001~3000 元	14	4.76	11.90
		3001~4000 元	33	11.22	23.12
		4001~5000 元	37	12.59	35.71
		5001~6000 元	52	17.69	53.40
		6001~7000 元	64	21.77	75.17
		7001~8000 元	57	19.39	94.56
		高于 8000 元	16	5.44	100.00
	职业类别	专业技术人员	109	37.07	37.07
		商业、服务业人员	31	10.55	47.62
		农林牧渔水利业生产人员	72	24.49	72.11
		生产、运输设备操作及有关人员	82	27.89	100.00
个人意愿	来到芝英的原因	工资待遇较好	171	58.16	58.16
		家庭原因	54	18.37	76.53
		创业投资	39	13.27	89.80
		其他原因	30	10.20	100.00
	离开芝英的打算	打算离开	67	22.79	22.79
		不确定	75	25.51	48.30
		不会离开	152	51.70	100.00
	来源地区	农村	161	54.76	54.76
		县城	95	32.31	87.07
		城市	38	12.93	100.00
与本地人的关系（1分最好，5分最差） 对本地文化的认知（1分最差，5分最好）			均值 1.84 分，标准差 1.22 分 均值 2.34 分，标准差 1.17 分		

3.3.1 工作条件与薪资水平

根据问卷调查结果推算，芝英外来打工者的 2019 年平均年薪约为 63600 元，已经接近甚至高于部分芝英周边县级市、县城的制造业平均工资。问卷调查结果显示约有 58% 的外来打工者是因为薪资条件较好来到芝英工作的。

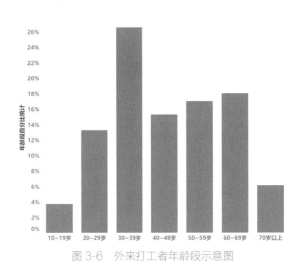

图 3-6　外来打工者年龄段示意图

周边市县制造业在岗职工年平均工资（单位：元）　　　　表 3-3

周边市县	2016 年	2017 年	2018 年	2019 年
永康市	48710	52934	55739	64708
东阳市	57843	61458	65249	67489
武义县	52274	53336	57780	59363
浦江县	42036	43001	46209	51446
磐安县	41582	47606	51838	59251

优越的工资条件可以吸引大量的农村外来打工者，每个职业的专业性需求较低，职业与学历、技能水平之间几乎没有关联性。大量外来劳动力是被同乡介绍到芝英工作的。

外来打工者学历与收入皮尔逊相关性分析　　　　表 3-4

数据类型	指标 / 数据	学历	收入
学历	皮尔逊相关性	1	-0.016
	Sig.（双尾）	—	0.789
	个案数	294	294
收入	皮尔逊相关性	-0.016	1
	Sig.（双尾）	0.789	—
	个案数	294	294

3.3.2 生活需求与日常休闲

调研过程中，发现外来打工者普遍反映村内停车不便、交通条件差、小孩上学不方便、娱乐设施较少、生活服务设施缺乏的问题，尤其是夜晚村内照明条件较差，社区安全难以得到保障。

图 3-7　芝英镇招聘广告

图 3-8　问卷发放中遇到的外来打工者的家庭成员

"这个村那么多年了都不装路灯，我们晚上一般都不出门，小孩晚上也不让出去玩，太黑了。前几年村里搞建设，还把一些路灯拆了，更黑了，现在除了建设好的那几条路，夜间村里漆黑一片。"

芝英镇上的服务设施相对丰富，村里服务设施、娱乐设施较少，外来打工人平时主要的娱乐方式就是跟家人、邻居、朋友闲聊，晚上由于照明条件较差，一般都在家里看电视、打牌等，娱乐方式匮乏。

外来打工者日常休闲娱乐类型计数与排序　　　　　　　　　　表 3-5

闲聊	电视电影	棋牌娱乐	个人爱好	体育健身	广场舞	手机游戏	网络游戏	其他
156	153	89	73	68	44	34	25	20

3.3.3　文化认知与社交状态

　　许多外来打工人都是被自己的同乡带到芝英工作的，他们有自己的内部团体、社群，根据问卷调查，日常社交活动中，有 25% 左右的外来打工人平时主要跟自己的同乡来往，同时，也有约 37% 的外来打工人平时主要跟邻居（本地人、外来打工人）来往。团队观察到一些外来打工人与本地人闲聊来往的现象，但大多数外来打工人的邻居都是自己的同乡、同学。

外来打工者日常主要社交群体　　　　　　　　　　表 3-6

社交类型	邻居	亲戚	同事	同乡	同学	网友	其他
计数	108	41	12	73	33	24	3
占比	36.7%	13.9%	4.1%	24.8%	11.2%	8.2%	1.0%

　　团队分析了不同主要社交群体的外来打工人对本地人的排斥程度（1 分最低，5 分最高），发现平时主要跟同乡（2.56 分）、网友（2.00 分）、邻居（1.92 分）来往的外地来打工人对本地人的排斥程度较高，与前述分析相符。此外，由于外来打工人对本地文化认知较低，认识不到历史建筑、文物的价值，在居住、生活、工作过程中对本地古建筑造成了不同程度的破坏。

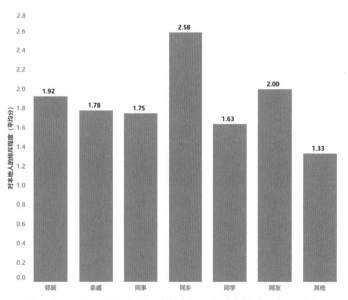

图 3-9　不同主要社交群体的外来打工者对本地人的排斥程度

4　要素流入类型、过程及动力机制解析

4.1　要素流入类型

　　通过调研发现，当前流入到芝英镇的要素主要分为三类，分别是：人口要素、产业要素、技术要素，这三类要素内部有较强的联系，是相互关联、紧密联系的。

4.1.1 人口要素

当前流入到芝英镇的人口要素主要有三类，分别为回流乡贤、外来打工群体、返乡年轻人。

乡贤回流开始时间较早，从 1994 年开始到 2010 年均有回流，回流乡贤主要为在外成功的企业家，年龄在四十五岁到五十岁之间，回流乡贤回到家乡后参与乡村治理和建设工作，稳定性强。

外来打工群体从 2000 年前后陆续来到芝英镇打工，主要来源于江西、广西、四川和云南四个省份。他们大多在芝英镇集镇古村内租房，在八个村内租房的外来打工群体数量保持在 2400 人左右。

根据调研访谈结果发现，年轻人返乡开始于 2006 年，起初返乡年轻人极少，从 2010 年之后返乡年轻人增多，同时返乡年轻人稳定性较差，年轻人流出现象较多。

4.1.2 产业要素

当前流入到芝英镇的产业要素有五金制造业、外来产业资本。进入芝英的企业大多为五金制造业，芝英工业园一期因此而起，形成五金制造业产业集聚，进而形成了五金制造业产业集群。随着芝英五金产业生态圈不断成型，进而吸引产业资本进入，造就了永康市一批龙头企业，如铁牛集团、天行集团等。

4.1.3 技术要素

当前流入到芝英镇的技术要素主要为互联网贸易技术、智能制造技术。回流年轻人较多掌握互联网电子商务贸易技术，大多从事电子商务相关行业，电子商务技术帮助本地产业极大拓宽了销售渠道，促进了芝英产业的发展。

图 4-1　芝英人口、产业、技术要素流入示意图

当地企业基于自身产业升级压力，对智能制造技术有较大需求，具备相关知识技能的芝英年轻人成为企业重点需求对象，这部分返乡年轻人将先进的制造技术带回芝英。

分析发现，芝英镇 8 个中心村的乡贤回流带动了产业资本回流，进而吸引外来打工群体进入芝英，产业升级需求促进了在外年轻人的返乡。乡贤带动制造业产业和资本回流芝英，形成五金产业集群。五金产业集群的形成吸引外地打工人群进入芝英，带动乡镇发展。同时，五金产业新旧动能转换吸引年轻人返乡，在外发展的年轻人回到芝英从事五金相关产品的互联网销售行业，拓宽了芝英五金中小企业的销售渠道，带动了芝英五金中小企业的发展。

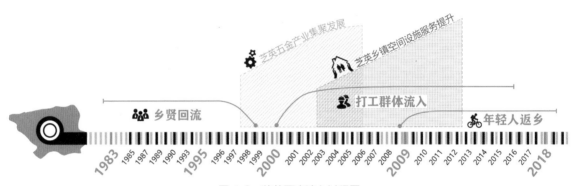

图 4-2　芝英要素流入过程图

4.2　动力机制分析

4.2.1　传统宗族文化的内涵影响

芝英镇历史文化厚重，自晋元帝时期应氏始祖应詹屯兵芝英开始，应氏宗族及其宗族文化便深刻地影响着芝英。芝英应氏家族传承"仁、义、礼、智、信"的儒家传统，先祖立有应氏二十条家规。应氏先祖应廷育、应宝时、应祖锡、应贻诰、应飞等均为在外打拼事业，稳定后继续为芝英乡村建设作出贡献。芝英应氏宗族的家族教化造就了应氏先祖的榜样引领作用，应氏世代先祖的榜样作用在芝英应氏宗族内形成了"在外打拼—回乡贡献"的回流氛围。这种世代相传的宗族文化是引导 20 世纪 90 年代开始的芝英乡贤返乡的核心和初始动力。

4.2.2　五金产业转型的实际需求

随着五金加工制造业的发展，高度市场化的企业率先开展产业升级，从传统劳动密集型向技术密集型产业转型，企业对掌握互联网电商技术、智能制造技术的青年人才需求较大。

4.3 问题研判

4.3.1 传统宗族文化的内涵影响力正在减弱

1）传统文化内涵在消解。通过调研发现，当前网络文化对传统宗族文化冲击严重，尤其是在青少年群体中，其结果就是当前的芝英村的年轻人宗族意识薄弱、宗族文化内涵理解不深。

2）物质文化空间被破坏。通过调研发现，早期芝英家庭作坊、小工厂利用木构古民居、古宗祠办厂，对芝英历史建筑、宗祠造成了较大破坏。外来打工群体不了解芝英文化，对芝英历史文化建筑缺乏了解，对其租住的芝英木构古民居、古宗祠破坏严重。

图 4-3 传统民居受外来人口租赁损坏严重

3）五金非物质文化面临失传风险。芝英当地的五金手工艺匠人普遍面临没有学徒的情况，年轻人对传统手工艺没有兴趣，进而不愿意投入大量时间潜心钻研打磨技术。芝英当地的五金手工艺匠人自身收入微薄，靠五金手工艺制品仅能维持生活。

4.3.2 "路径依赖"导致产业发展缓慢，吸引力下降

1）"路径依赖"导致产业问题意识不强。芝英由于在改革开放后形成的五金产业集群，在众多龙头企业带领下，涌现了一大批规上企业，企业为当地政府经济社会建设提供了大量支持。政府逐渐形成产业发展模式的"路径依赖"，对芝英五金产业的升级方向、发展目标、整体思路不清。企业多依赖自身对市场的嗅觉进行自身产业发展方向的调整，缺少整体统筹，导致大多数中小企业仅维持在粗放的原材料简单加工的制造水平，对市场风险的抵抗能力较小。

2）"政策服务缺失"导致产业吸引力降低。由于芝英产业发展方向不清，导致没有对适合未来产业发展方向的针对性扶持政策（包括招商引资政策、企业落地政策、人才引进政策等）。当前部分芝英企业已经外流到周边乡镇（如古山镇、武义镇、缙云县等）。就回乡青年人才而言，除部分与企业需求直接对口的青年人才以外，大多数返乡从事互联网电子商务等创新技术青年人才没有享受很好的鼓励、扶持和补贴政策。从事创业的青年群体大多面临贷款难、招工难、生活难的情况。

图 4-4　芝英手工艺人

5　要素回流引导下乡村社区重塑路径探索

团队认为以"文化纽带重塑、产业路径重建"为抓手，结合学校多学院多学科资源优势，在传统应氏宗族文化和现代芝英五金产业两方面积极配合芝英镇政府，将高校的教育教学和学术科研资源引入芝英，积极开展未来乡村社区重塑的探索。

5.1　重塑文化纽带

发挥高校优势，引导高校资源流入乡村，带领乡村各类社会群体重新感知芝英传统文化价值，增强芝英传统文化的感染力。通过组织大学生暑期社会实践，教育小学生学习芝英历史文化，帮助芝英当地儿童了解芝英丰富的古宗祠文化、应氏宗族文化、民俗文化和非遗文化。通过组织高校设计课程，成立学生与村民设计小组，在教学过程中，发挥学生的带动作用，使村民对芝英本村的文化资源、建筑资源和自然资源有了深入的了解和认识，使村民与村民之间建立起空间、文化等各类资源的价值共识。

5.2　重塑产业模式

通过进行乡村社区产业规划和落地实践，充分利用芝英五金文化资源，引导芝英文旅产业升级，打造芝英生产、生活、生态"三生合一"的乡村社区产业体系，提升芝英产业吸引力，吸引更多年轻人回到芝英。

图 5-1　芝英宗祠文化展示方式示意图

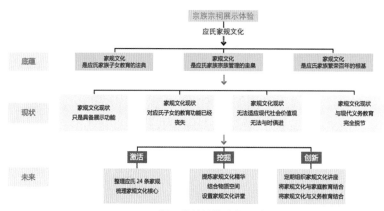

图 5-2　增强芝英传统文化示意图

在芝英乡村社区产业体系规划中，可以从乡村社区内生产业角度出发，以芝英村落传统文化、空间特色作为出发点，将创意文化、生态旅游、宗祠文化展览、五金文化体验、芝英饮食文化和商业服务整合开发打造，形成串联芝英自然风光、芝英历史古村落、芝英宗祠体系和芝英文化的乡村社区复合产业体系。

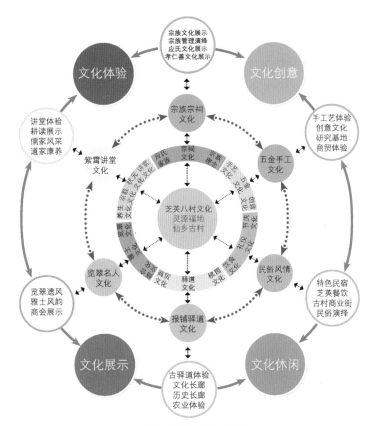

图 5-3　规划思路示意图

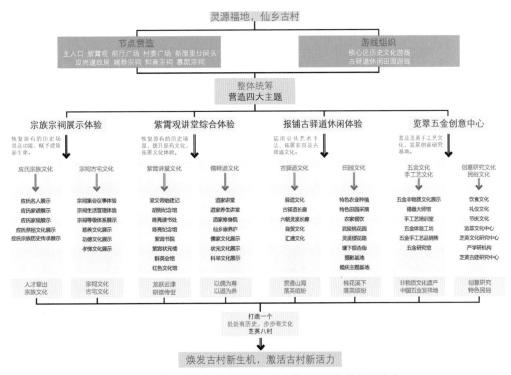

图 5-4　基于"文化纽带重塑、产业路径重建"的规划策略

参考文献

[1]　沈费伟，刘祖云 . 精英培育、秩序重构与乡村复兴 [J]. 人文杂志，2017（3）：120-128.

[2]　刘婧元 . 乡村要素稳定回流机理及其实现路径 [J]. 农村经济与科技，2020，31（15）：257-259.

[3]　蒋金法 . 乡村高质量发展 生产要素回流是关键 [N]. 江西日报，2020-08-19（5）.

[4]　吴理财，解胜利 . 文化治理视角下的乡村文化振兴：价值耦合与体系建构 [J]. 华中农业大学学报（社会科学版），2019（1）：16-23.

[5]　张京祥，申明锐，赵晨 . 乡村复兴：生产主义和后生产主义下的中国乡村转型 [J]. 国际城市规划，2014，29（5）：1-7.

[6]　杨振之，周坤 . 也谈休闲城市与城市休闲 [C]// 中国区域科学协会区域旅游开发专业委员会 . 旅游业：推动产业升级和城市转型——第十三届全国区域旅游开发学术研讨会论文集 . 哈尔滨：黑龙江朝鲜民族出版社，2008：7.

[7]　何崴 . 让乡建活在当下——从西河粮油博物馆及村民活动中心项目谈起 [J]. 城市环境设计，2015（Z2）：221-222.

[8]　李智，张小林，陈媛，等 . 基于城乡相互作用的中国乡村复兴研究 [J]. 经济地理，2017，37（6）：144-150.

[9]　郭素芳 . 城乡要素双向流动框架下乡村振兴的内在逻辑与保障机制 [J]. 天津行政学院学报，2018，20（3）：33-39.

[10]　张玉林 .21 世纪的城乡关系、要素流动与乡村振兴 [J]. 中国农业大学学报（社会科学版），2019，36（3）：18-30.

[11]　闾海，顾萌，葛大永 . 要素流动视角下的苏南地区乡村振兴策略探讨 [J]. 规划师，2018，34（12）：140-146.

[12]　冷艳菊 . 融入与回流：新生代农民工的两难困境 [J]. 中国人力资源开发，2011（7）：79-82.

[13]　郭力，陈浩，曹亚 . 产业转移与劳动力回流背景下农民工跨省流动意愿的影响因素分析——基于中部地区6 省的农户调查 [J]. 中国农村经济，2011（6）：45-53.

[14]　李晓阳 ."落叶难以归根"——新生代农民工"回流"障碍问题分析 [J]. 特区经济，2010（9）：279-281.

[15]　沈君彬 . 乡村振兴背景下农民工回流的决策与效应研究——基于福建省三个山区市 600 位农民工的调研 [J]. 中共福建省委党校学报，2018（9）：93-99.

附录1：村民调查问卷

芝英村民调查问卷

您好！我们正在进行一项关于乡村社区的调查，我们希望您能通过回答问卷，参与我们的研究。本次问卷所获得的数据，我们将仅用于学术研究，并严格遵守保密原则。衷心感谢您的支持与合作！

筛选题：您居住在芝英村吗?

A. 是（则继续问卷）   B. 不是（则结束问卷）

第一部分：基本信息

1. 您的性别（   ）

A. 男   B. 女

2. 您的年龄是（   ）

A. 10~19 岁   B. 20~29 岁   C. 30~39 岁

D. 40~49 岁   E. 50~59 岁   F. 60~69 岁

G. 70 岁及以上

3. 您的学历（含在读）是（   ）

A. 小学及以下   B. 初中   C. 高中（包括：高中、职高、中专、技校）

D. 大专   E. 本科   F. 研究生

4. 您的婚姻状况是（   ）

A. 未婚   B. 已婚   C. 离异   D. 丧偶

5. 您目前是否有工作

A. 有（若选择有，则继续回答）   B. 没有（若选择没有，则跳至第 8 题）

6. 您目前工作的具体内容是（行业、雇主、内容、地点）：＿＿＿＿＿＿＿＿＿＿＿＿

＿＿

7. 您目前的职业类别是（   ）（访谈员根据上条回答自行判断）（跳至第 10 题）

A. 国家机关、党群组织、企事业单位人员   B. 专业技术人员

C. 办事人员和有关人员   D. 商业、服务业人员

E. 农、林、牧、渔、水利业生产人员　　　　F. 生产、运输设备操作人员及有关人员

G. 军人

8. 您目前没有工作的原因是（　　　）

A. 上学　　　　　　　B. 生病　　　　　　　C. 不想工作

D. 在家做家务　　　　E. 已退休或年老

9. 您的收入来源是（　　　）（多选）

A. 房租收益　　　　　B. 土地租金　　　　　C. 农产品售卖

D. 村集体资产收入分红　　　　　　　　　　E. 投资理财

F. 养老金　　　　　　G. 家庭资助　　　　　H. 其他_____

第二部分：生活轨迹

10. 您是否曾经长期离开过村庄（　　　）

A. 从未离开过（若选择从未离开，则继续回答）（原住村民）

B. 因各种原因来到村庄（若选择来到村庄，则跳至第 15 题）（外来村民）

C. 离开过（若选择离开过，则跳至第 20 题）（返乡村民）

D. 离开过，仍然常住外地（若选择常住外地，则跳至第 30 题）（外流村民）

11. 您一直留在村庄的原因是（　　　）

A. 就地工作　　　　　B. 照顾家人　　　　　C. 上学

D. 念旧　　　　　　　E. 其他原因_____

12. 您是否排斥村里的外地人（　　　）

A. 是　　　　　　　　B. 否　　　　　　　　C. 无所谓

13. 您是否排斥村里的返乡人（　　　）

A. 是　　　　　　　　B. 否　　　　　　　　C. 无所谓

14. 您的年收入是_____万元（跳至第 33 题）

15. 您来到村庄的原因是（　　　）

A. 工作工资待遇较好　　　　　　　　　　　B. 婚姻 / 照顾家人 / 跟随家人

C. 提供技术支持　　　　　　　　　　　　　D. 投资创业

E. 其他原因_____

16. 您是_____年来到本村的

17. 您是从哪里来到本村的（　　　）

A. 本镇　　　　　　　B. 永康市　　　　　　C. 浙江省　　　　　　D. 其他省_____

18. 您的家乡属于（　　　）

A. 乡村　　　　　　　　　　B. 县城　　　　　　　　　C. 城市街镇

19. 您的年收入是_____万元（跳至第 33 题）

20. 您是_____年离开本村的

21. 您离开村庄的原因是（　　　）

A. 寻找有更好工资待遇的工作　　　　　　B. 婚姻／照顾家人／跟随家人

C. 提供技术支持　　　　　　　　　　　　D. 投资创业

E. 其他原因_____

22. 离开村庄前您的工作类型是（　　　）

A. 国家机关、党群组织、企事业单位人员　　B. 专业技术人员

C. 办事人员和有关人员　　　　　　　　　　D. 商业、服务业人员

E. 农、林、牧、渔、水利业生产人员　　　　F. 生产、运输设备操作人员及有关人员

G. 军人

23. 离开村庄前您的年收入是_____万元

24. 您是离开本村前往了（　　　）

A. 本镇　　　　　　B. 永康市　　　　　　C. 浙江省　　　　　　D. 其他省_____

25. 您是_____年回到本村的

26. 您回到村庄的目的是（　　　）

A. 工作工资待遇较好　　　　　　　　　　B. 婚姻／照顾家人／跟随家人

C. 提供技术支持　　　　　　　　　　　　D. 投资创业

E. 其他目的

27. 回到村庄后您的工作类型是（　　　）

A. 国家机关、党群组织、企事业单位人员　　B. 专业技术人员

C. 办事人员和有关人员　　　　　　　　　　D. 商业、服务业人员

E. 农、林、牧、渔、水利业生产人员　　　　F. 生产、运输设备操作人员及有关人员

G. 军人

28. 回到村庄后您的年收入是_____万元

29. 您回到村庄的详细原因是_____（跳至第 33 题）

30. 您是_____年离开本村的

31. 您离开村庄的原因是（　　　）

A. 寻找有更好工资待遇的工作　　　　　　B. 婚姻／照顾家人／跟随家人

C. 提供技术支持　　　　　　　　　　　　D. 投资创业

E. 其他原因_____

32. 您以后会回到村庄吗（　　　）

A. 是　　　　　　　　　　　　　　　　B. 否

第三部分：个人观点

33. 您日常的休闲娱乐是（　　　）（多选）

A. 闲聊　　　　　　　　B. 棋牌娱乐　　　　　　C. 广场舞

D. 电视电影　　　　　　E. 网络游戏　　　　　　F. 体育健身

G. 手机游戏或 App　　　H. 个人爱好（如书法、收藏字画、养花鸟虫鱼）　　　I. 其他_____

34. 您日常的社交群体是（　　　）

A. 邻居　　　　　　　　B. 亲戚　　　　　　　　C. 同事　　　　　　D. 同乡

E. 同学　　　　　　　　F. 网友　　　　　　　　G. 其他_____

35. 您是否有离开村庄的打算（　　　）

A. 会离开　　　　　　　B. 不确定　　　　　　　C. 不会离开

36. 您认为村内的服务设施存在的问题有哪些（　　　）（多选）

A. 缺少健身器材、活动场地　　　　　　　B. 买菜、购物不方便

C. 洗澡、理发、修理电器不方便　　　　　D. 读书、看报、看电影不方便

E. 学生上学不方便，没有学校或学校远　　F. 公厕或其他环卫设施太少

G. 就医不方便　　　　H. 交通拥堵　　　　I. 停车不方便

J. 绿地不多　　　　　K. 其他_____　　L. 没有以上问题

37. 您对本村文化特色的了解程度是

本村文化	非常熟悉	很熟悉	一般	不熟悉	从未在意
宗祠					
五金					
线狮					
打罗汉					
永康鼓词					
祭祖					
整体情况					

38. 您认为本村最迫切需要解决的问题是什么？

_____

附录2：结构访谈样本

（1）镇政府访谈提纲

1）（两进两回）是否了解两进两回工作？芝英有没有类似的人才引进、企业扶持培育政策，或有没有劳动力市场、就业培训的平台？

2）（芝英村书记）我们了解到芝英各村的书记当年都是企业家，他们是通过什么途径回到芝英当上本村书记的？他们是自发回来的吗？如果不是，为什么选择了他们，或者当时还有其他企业家人选吗？这一工作是怎样进行的，是谁给企业家们做的工作，从哪一年开始？整个过程有没有遇到困难？（村志、族谱、宗祠等文化要素在其中扮演了什么角色？）

3）（芝英村书记）这些村书记在当上企业家之前，在村里从事什么工作？他们是哪一年外出创业的，当年镇上外出创业的人多吗？其他人如今的情况如何？他们有没有打算回芝英发展？

4）（芝英村书记）除了这些企业家村书记以外，还有没有以其他方式帮助芝英的乡民（投资、教育、医疗、资源带动等），未来芝英有没有其他的引流计划？

5）（芝英流动人口）芝英第七次全国人口普查的工作顺利结束了吗，常住人口和流动人口情况如何？近年芝英本地人口流出情况如何？是否有外出务工的乡民返乡的现象？若有，大约每年会有多少人返乡，为什么回来，回来之后一般会从事什么工作？

6）（芝英流动人口）除本地村民之外，芝英外来劳动力/打工人的数量如何，什么年龄段的较多，他们主要从事什么工作（主要在哪些企业里工作，企业对本地村民、外来打工者有没有待遇上的差异，或问对外来打工者有没有福利政策），政府有没有相关帮扶政策（房租减免、增加收入、子女上学）？他们主要居住在镇上/村里的哪里？有没有打算定居在芝英的情况？本地村民如何看待外来打工者？

7）（芝英企业情况）芝英主要的企业有哪几家，有哪些是本地人自主创业创办的？外来企业有哪些，是外来企业家创办的还是返乡乡民创办的？本地、外来企业都有什么扶持政策（相关文件），这些企业都在产业园区里吗？产业园整体的经营情况如何，是哪一年创办、着手建设的，最初有哪些企业，未来是否还有扩大的计划？

8）（其他）当年芝英改镇换街，又改街回镇的情况是怎么发生的，为什么会有这样的变化？是村民的要求还是政府的决定？芝英每年聚集性的活动有哪些，组织活动时遇到过哪些困难？芝英近期主要关注哪些方面的工作，芝英村攻坚脱贫工作顺利吗，乡村振兴未来的发展思路如何？

（2）村干部访谈提纲

1）（两进两回）是否了解两进两回工作？芝英有没有类似的人才引进、企业扶持培育政策，或有没有劳动力市场、就业培训的平台？

2）（芝英村书记任命过程）想了解一下当年您是怎么样当上本村书记的，是在哪一年？是自发回村竞选的，还是有领导做了组织工作的？当时是因为什么情况镇上做了这样的决定？整个过程的情况？其他几个村的书记也是同一时间回来的吗？（村志、族谱、宗祠等文化要素在其中扮演了什么角色？）

3）（芝英村书记个人经历）在成为企业家前，在村里从事什么工作？为什么会外出创业，哪一年外出的？当年村里创业的人多吗？都去了哪些地方，从事了哪些工作？有没有失败而返乡的，或者成功而没有回来的？

4）（芝英村书记工作经历）成为村书记后，首先着手进行了什么工作，是怎么样利用企业家的身份帮助村里发展的，村民们的反应如何？这么多年来，印象最深刻的工作内容是什么？感到工作难点在哪里，有没有工作上的遗憾？

5）（乡村流动人口）第七次全国人口普查的工作顺利结束了吗，常住人口和流动人口情况如何？近年本地人口流出情况如何？是否有外出务工的乡民返乡的现象？若有，观感上每年会有多少人返乡，为什么回来（芝英发展条件逐渐变化、家庭原因、在外工作压力大、文化原因），回来之后一般会从事什么工作（一二三产）；若无，外出务工的乡民数量如何，都是什么年纪的，为什么不回来（收入、家庭、生活条件原因）？

6）（芝英流动人口）除本地村民之外，芝英外来劳动力/打工人的数量如何，什么年龄段的较多，他们主要从事什么工作（主要在哪些企业里工作，企业对本地村民、外来打工者有没有待遇上的差异，或问对外来打工者有没有福利政策），政府有没有相关帮扶政策（房租减免、增加收入、子女上学）？他们主要居住在镇上/村里的哪里？有没有打算定居在芝英的情况？本地村民如何看待外来打工者？

7）（芝英流动人口）村民的居住情况（条件）如何？基本的服务设施都满足了吗（水电燃网等、教育医疗公服等）？有没有本村村民离开村子而闲置房屋的情况，还是将其租赁给了外来打工人？租房现象普遍吗，外来打工人主要居住在什么地方？

8）（其他）近期主要关注哪些方面的工作，芝英村脱贫攻坚工作顺利吗？

（3）年轻创业群体访谈提纲

1）（个人选择）为什么要自己创业（家里提供了什么条件），回到芝英前主要从事什么工作，回到芝英后工作领域有变化吗？

2）（个人选择）在芝英创业跟在外地创业有什么区别？为什么选择回到芝英创业？身边的

同学、朋友有没有类似的创业经历和选择？

3）（创业经历）在芝英创业遇到了哪些困难？整个过程是怎么样的？

4）（创业经历）企业里有多少员工，他们是本地的还是外地的，员工薪资水平如何，对技能水平的要求高吗？

5）（未来发展）乡镇政府有没有为创业提供相应的扶持政策和环境？了解过科技下乡、智能制造、创新方面的内容吗，乡镇政府在这方面是怎么配合企业工作的？

6）（未来发展）未来打算继续在芝英发展企业吗？有什么近远期的目标？希望政府提供哪些方面的支持？企业目前的发展困难是什么？

附录3：部分访谈对象回乡历程

（1）芝英一村到八村村主任、书记创业历程

例1：芝英一村村主任，1986年前在社办企业上班，1986年于桐庐办厂，生产锁芯，后订货商倒闭，1990年回永康租厂房，开设铝件压缩厂，1991年研发出锁芯模具发明专利，1996年自建厂房，做防盗门锁，2008年研发指纹锁，后期研发生产网约房APP开锁。

例2：芝英二村书记，嫁到芝英后与家人从事防盗门板材生意，1990年在三村钢材市场经营贸易销售，后生意体量扩大后，前往武义。

例3：芝英三村书记兼任村主任，1977年到村里人民公社，1982年开始做冰棍、蛋糕模具，后做铝锭等金属材料生意。

例4：芝英四村书记，1980年前一直在外闯荡，主要从事修秤、锅炉铸造等手工业，1980年由于改革开放分田到户，跑业务同时兼顾农忙。1985年开始创业，做手工秤上的零部件，后做磅秤的配件，1990年在芝英钢铁市场做生意，去各地钢铁厂收集钢铁废料来加工，2000年，去上海宝钢发展。

例5：芝英五村村主任，24岁任村里团支部书记，同时创办五金小企业，此后村干部工作与企业管理同时进行，2009年至今一直担任村主任。

例6：芝英六村村主任，1980年作为学徒前往江西、湖北、山西等各地钉秤。1985年，收集金属废料，赚取差价谋生。1999年，在舅兄防盗门厂里工作，2003年前往上海创业，做黑色材料交易。2007年，回村参选本村书记，同时兼顾企业管理。2014年时，将企业交给儿子打理，全职专心当村主任，造福村民。

例7：芝英七村村主任，1984年退伍后流转于福建、湖南、安徽等地跟舅兄学工，铸造

铁件、铁锅等，1994 年回村帮朋友管理工厂。

例 8：芝英八村书记，1994 年以前给人打工，后办厂创业，做锅等模具，现生产锅具。2001 年任村主任至今。

（2）青年介绍返乡历程

例 1：2006 年，当时 20 岁的应致远作为最早的一批淘宝客服，逐渐了解并踏入了电商行业，在电视购物风靡时，他选择了开淘宝店开始创业。永康本身良好的五金产业基础，使应致远选择了当地的五金百货作为主要销售产品。"我卖过很多产品，卖过跑步机，这是我们当地小厂生产的，保温杯、锅都有卖。我们其实那时候是什么产品火就卖什么。"

例 2：2006 年应成玉在别人的淘宝店打工，后来自己开淘宝店。她利用自家住房的一楼存货发货，一个人兼进货、客服、售后等数职，父母负责发货，卖小五金件、各类生活日用品，本地的外地的商品都卖过。

例 3：在芝英三村菜市场开小吃摊的应家珍是从六村嫁到二村的。"我耳朵不好，没什么工作经验，在五金厂也不好找工作，就问亲戚借了点钱，跟我老公一起开了小吃店，戏台那里从早到晚人来人往，生意挺忙的，我老公做饼炒菜，我就做收钱打扫洗碗之类的杂活，混口饭吃。"

例 4：在华业模具制造厂负责海外市场开拓接洽的应迪东，本硕专业均为市场管理，2013 年从英国学成回国，2014 年开始进入公司管理层工作，因为对市场销售的浓厚兴趣，通过自身的努力与机缘巧合，成功为企业开拓了冰淇淋模具销售的巴西市场，为公司传统销售淡季找到了维持订单量的方式。

例 5：应迪广的父亲与应迪东的父亲都是华业模具制造厂的最初创始人，他今年刚从本科毕业，目前在本地各企业流转学习。"2018 年暑假的时候，我在这个工厂实习的时候遇到了政府要求我们做雨污分流改造，当时我跟我哥都不懂这方面应该怎么做，我们就跑到杭州去大学问，去咨询公司问，最后终于把设施设备安装调试好，通过了镇里的验收，这也算是我为公司做的贡献吧。"

◇　　　　**思土育文，文育土司**

【参赛院校】　贵州大学建筑与城市规划学院

【参赛学生】

　　刘雨豪　　　　　邹玉涛　　　　　舒　曼　　　　　张体继

　　谢历胜

【指导老师】

　　陈　波

▨ 作品介绍

　　成果紧紧依托龙江河美丽岸线风光和土司古建筑特有风格，强化生态治理建设、文物古迹修复保护，实现生态优、村庄美，恢复古朴大方、幽静闲适的古村落。

　　紧紧围绕杂交水稻制种主导产业和特色产业，进一步加强田氏土司、"注溪娃娃场"省级非物质文化遗产项目的挖掘整理保护及转化运用，实现产业特色、农民富裕，打造"以文兴业"示范村。

　　紧紧围绕新型职业农民培育工程和乡贤能人回流行动，强化基础组织人才建设，加强传统文化挖掘研究、总结提炼、保护传承，增强文化自信，促进人民团结和谐，实现集体强、乡风好，基层组织坚强有力、邻里乡亲互助互敬的和谐乡村。

思土育文，文育土司

摘要： 随着乡村振兴战略的实施，越来越多的乡村得到了"新生"。衙院村作为少数民族特色村寨、历史文化古村。土司文化是其最显著的符号。本次调研以文化为抓手，力图在文化上帮助衙院"新生"。以文化振兴为核心，两复合两共享为手段。找寻并恢复衙院内里蕴含的文化精神和重现往日荣光，传承衙院土司文化；保护衙院日渐消融的文化实体——合院建筑；借用规划手段，缓解新旧的风貌冲突。

关键词： 文化古村；土司文化；复合共享；文化振兴；传承文化

目　录

1 司·浓墨重彩，片片映长河

1.1 人事有代谢，往来成古今

1.1.1 田氏土司——文明史程，悠远浩荡

（1）大背景：先有思州，后有贵州

岑巩古名思州，据史志记载，隋唐时期已置州县。思州田氏，作为贵州四大土司政权之一，自隋朝开皇二年（582 年）起，世袭统治长达 831 年。

在此期间，岑巩因田氏土司管辖而迅速发展。后因永乐帝将思州土地和贵州宣慰司、都匀府等地合并，建立了贵州布政使司，也就是今天的贵州省。故有"先有思州，后有贵州"之说。此次调研基地——衙院村便是思州田氏土司文化发源地。

图 1-1　田氏土司故里旧址

图 1-2　清江城旧址（今岑巩老县城）

（2）小背景：政治搬迁，建立衙院

田氏土司从隋朝开皇二年（582 年）起，世袭 831 年。明永乐十一年（1413 年）二十六世田琛犯上伏诛，籍没家产，子孙流之。衙院寨这片住房便是田氏土司后裔田维栋重返故土定居岑巩注溪后于清初建成的，衙院村因此而得名。

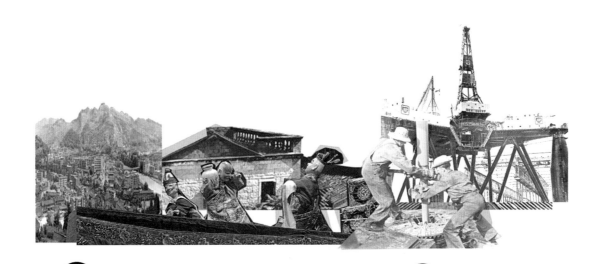

平乱封侯、子孙世袭

田氏土司自隋朝开皇二年（582年）田宗显入黔平乱后被任命为黔中刺史，后又被加封为宣龙护国公，子孙世袭，自此开启了田氏土司八百年的历史。

政治搬迁、建立衙院

元朝末年田氏土司搬到了清江城（今岑巩），田氏土司后裔开始在岑巩县注溪镇居住。

内斗被平、土司瓦解

明朝永乐九年（1411年）田氏土司内斗不断，永乐十一年（1413年）永乐皇帝借此废除了田氏土司的统治，田氏族人为自保纷纷出逃，土司历史自此结束。

回归故里、重建衙院

清朝初年，田氏嫡系后裔田维动回归注溪镇生活，乾隆年间武举人田茂英在衙院村建立了十五座大窨子，衙院村就此建立。

衙院解放、再次重建

1949年后，田氏族人在大火之后的废墟上建立了35幢正屋和6幢厢房奠定了现在的村落格局。

图1-3 历史沿革图

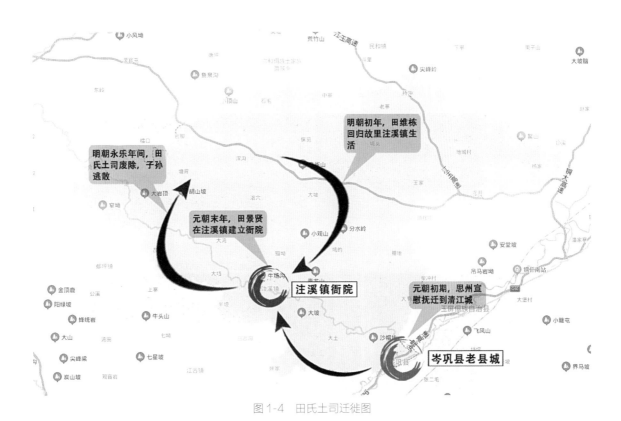

图1-4 田氏土司迁徙图

1.1.2　合院特色——古雅院落，鳞次栉比

据史书记载，康熙年间，田氏三十三世孙田茂英将田家院迁居至衙院，一连建造 15 座大窨子房四合院落，一律坐西朝东，东西进深 500m，南北长 1000m，呈椭圆形。整个寨子围了一道泥石砌筑的土墙，窨子房之间有花石铺砌的巷道相通，建筑规模之宏大在土家族村寨来说是极为罕见的。

图 1-5　合院格局图

其木屋的花檐和窗帘，雕刻古雅，有"喜鹊含梅""龙凤呈祥""松鹤遐年"等图案。各家正屋均装"六合门"，取"天地四方""五行说""天下一统"之意。同时，衙院田氏嫡裔安装"六合"大门，标榜土司门第的显赫。

图 1-6　合院细部照片

可惜中华民国时期，窨子房四合院惨遭火焚，毁了 14 座，现仅存 1 座。中华人民共和国成立后在遗址上又建起 35 幢正屋和 6 幢厢房。

图 1-7　衙院十五合院分布图

1.2　天然去雕饰，民族藏古村

1.2.1　中国少数民族特色村寨——土家族、侗族世居地

衙院村是少数民族土家族和侗族的世居地，在 2017 年获得了国家民族事务委员会（以下简称国家民委）颁发的"少数民族特色村寨"认证。在几百年的历史中创造了别具一格的民族历史与村寨文化，保留至今的六月六娃娃场、民俗活动表演、拴马石和祖先的灵位等都诉说着这个村子的故事。

图 1-8　土司战鼓队表演　　　　　图 1-9　中国少数民族特色村寨

1.2.2　注溪土家族六月六娃娃场——促进交流，关爱孩童

（1）历史悠久，长盛不衰

据《衙院田氏家谱》衙院考略记载，注溪娃娃场系其先祖田茂英于康熙初年开设，是中国最早的儿童节。迄今已有 300 多年历史。2005 年 12 月，贵州省人民政府将注溪娃娃场列为省级非物质文化遗产。

图 1-10　娃娃场赶场位置分布图

（2）口传文化，神仙贺新宅

相传古历六月初六这天，天上的金童玉女前来祝贺田氏新宅落成。每年六月六这天，田氏都将童男童女带上街赶场，要求商贩着重出售儿童食用品，并将此场命名为"娃娃场"而沿袭至今。

（3）购销两旺，推动经济

"注溪土家族娃娃场"以注溪乡集镇为中心地点，赶集的乡民遍及全乡各村寨及邻近乡镇。聚集了众多的少年儿童和行商走贩，对当地经济的发展起到了一定的推动作用。

（4）关爱儿童，意义深远

其蕴含了农村社会对少年儿童的爱护以及对其心身健康成长的关怀。是注溪乡土家族、苗族、侗族和汉族少年儿童相互交往、情感交流的节日，顺应了少年儿童活泼好动、好奇、爱结伴玩耍的天性，有利于培养少年儿童的集体观念和促进个性发展。

1.3　土司留胜迹，我辈复登临

1.3.1　传统资源现状——遗迹残片，窥见繁荣

衙院现传统资源种类共十类，分别为古井（1处）、老庙遗址（1处）、牌坊（7处）、娃娃场遗址（1处）、石栀子（1处）、戏台遗址（1处）、生基坟（1处）、八卦岩（1处）、田氏合院（15处）、土坯残墙（多处）。

"文革"等特殊时期，这些具有深厚人文价值的牌坊、古庙等被视作封建遗毒被人为推倒破坏，至今只留下了一些遗迹残片。

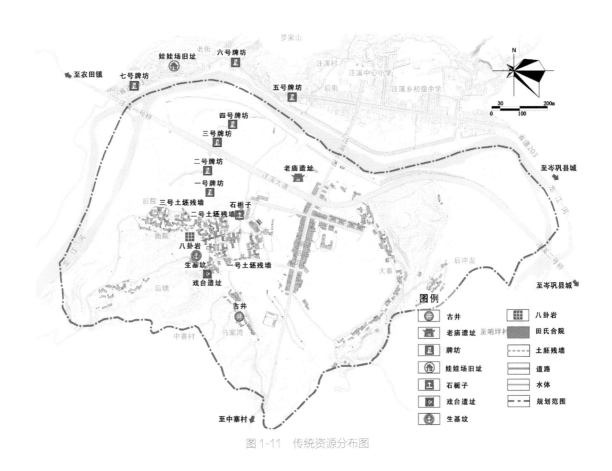

图1-11　传统资源分布图

（1）古井

当地古井年代久远，为以前的寨子提供饮用、生活用水，在自然的侵蚀下，有部分损坏，后被重新修复。现如今由于寨子里各家各户已经打有水井或通入自来水，因此已经被废弃。

（2）牌坊

衙院寨前至龙江河面800m地段，竖有20余座功名华表和7座贞节牌坊。

图1-12　古井资源图　　　　　　　　　　　　　图1-13　牌坊图

（3）老庙遗址

老庙是为表达当地人对与山神、土地的敬畏修建的，并且也是对逝去的先辈的一种悼念方式，在当地大多数人家门前都有类似的小庙，用于各种重大节日的时候上香祈福和缅怀先辈。

图1-14　老庙遗址

（4）戏台遗址

以前戏台搭建在田家祖坟前，在祭祖时，为先祖唱戏，缅怀先辈。在"文革"时期拆除。

（5）八卦岩

岩纵4m、横宽2.5m、高1.7m，上面自然龟纹显然，中多裂缝，俨如卦爻，奇特异常，迥非人力所为。据地方史学专家称，八卦岩为双室石棺墓穴，此种墓式渊源待考。

图1-15　戏台遗址一　　　　　　　　　图1-16　戏台遗址二

（6）石栀子

在衙院自然寨，目前尚存完整的石栀子一对，立石栀子祈愿的文化习俗代代相传，成为田氏鼓励后人勤耕苦读的一种祖训和家风。1949 年以后，寨子里曾有石栀子 12 对，先后被损毁 11 对。

（7）生基坟

生基坟亦称生机坟，实际上是不埋死人的，只埋活人的生辰八字、血、衣等物品，将其装在坛内埋入地下，俗称"生坟""寿坟"。

图 1-17　八卦岩　　　　　　　　　　　图 1-18　石栀子

1.3.2　物质与非物质文化空间——星罗棋布，亟待抢救

衙院作为田氏土司发源地，其文化空间经历百年的传承与积淀，具有一定的历史文化意蕴和学术研究价值。

然而现在它们正遭遇着巨大挑战，民工潮的强大冲击，青年人不断变化的审美时尚，以及一些人对它们的冷漠与忽略等，使得"文化空间"亟待抢救。

图 1-19　衙院村文化空间单元识别图

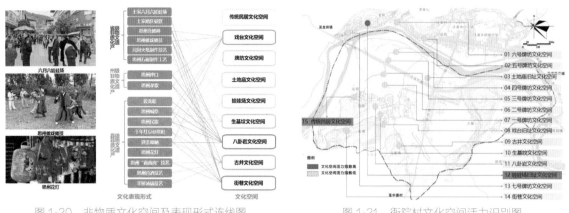

图 1-20　非物质文化空间及表现形式连线图　　　　　图 1-21　衙院村文化空间活力识别图

2　实·山水田园，古村林下卧

2.1　润物细无声——各级规划政策，助力乡村振兴

2.1.1　乡村振兴背景

在乡村振兴的村庄分类发展中，衙院村属于特色保护类村庄。对于衙院村的振兴和发展应遵循：统筹保护、利用与发展的关系，努力保持村庄的完整性、真实性和延续性。切实保护村庄的传统选址、格局、风貌以及自然和田园景观等整体空间形态与环境，全面保护文物古迹、历史建筑、传统民居等传统建筑。尊重原住居民生活形态和传统习惯，加快改善村庄基础设施和公共环境，合理利用村庄特色资源，发展乡村旅游和特色产业，形成特色资源保护与村庄发展的良性互促机制。

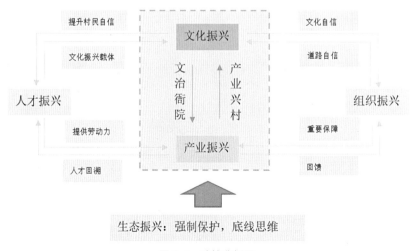

图 2-1　政策分析图

2.1.2　省级规划背景

为全面实施乡村振兴战略，深入贯彻落实中央领导视察贵州提出的"在乡村振兴上开新局"的重要指示精神，贵州省 2020 年印发了《贵州省特色田园乡村·乡村振兴集成示范试点建设方案》的通知，并在全省开展了特色田园乡村编制方案工作。在试点全过程中，要始终紧扣打造特色产业、特色生态、特色文化，塑造田园风光、田园建筑、田园生活，建设美丽乡村、宜居乡村、活力乡村，展现产业兴、生态美、乡风好、治理优、百姓富的贵州特色田园乡村现实模样。

2.1.3　市级规划背景

黔东南州"十四五"规划指出，要大力实施乡村振兴战略行动，高质量开启农业农村现代化新征程：聚焦品牌创建，增强"苗侗山珍"区域品牌能力。强力推动旅游产业化提质发展，高质量打造国内外知名民族文化旅游目的地。加快旅游产业融合创新发展，推进旅游产业向质量效益型转变；旅游业与文化产业、康养产业、传统村落、现代农业融合。

2.1.4　县级规划背景

岑巩县"十四五"规划提出要深入实施乡村振兴、大数据、大生态三大战略行动。关于乡村方面：突出抓好杂交水稻制种、油茶两大主导产业，巩固提升优质烤烟、食用菌、生态畜牧、商品蔬菜、精品水果等特色优势产业，建设一批高标准种养基地，提升现代农业产业园区建设水平，推动现代山地特色高效农业集聚发展。

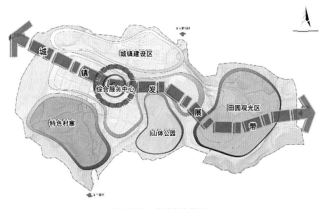

图 2-2　规划轴线图

2.2　游子身上衣——青年背井离乡，老人独守村庄

人口现状

衙院村为多民族聚居的传统村落，主要有汉族、侗族、土家族和苗族。下辖四个村民小组（衙院、后院、后塘、大寨），共有村民 195 户，户籍人口 801 人。整个村庄老龄化程度较高，衙院自然村 60 岁以上人口 140 人，占总人口约 17%，超过 60 岁以上老年人口占人口总数达到 10% 的老龄化社会界定值。

2.3　客路青山外——所处区位优越，交通便捷高效

2.3.1　地理区位

衙院村位于贵州省黔东南岑巩县注溪镇，以村内衙院组得名，素有"黔地之源"的美称。

2.3.2　交通区位

区位良好。村庄至注溪镇车程：5min，0.5km；村庄至岑巩县城车程：50min，30km；村庄至岑巩高速匝道口车程：48min，29km；村庄至铜仁南站车程：78min，52km；村庄至贵阳车程：300min，314km。

2.3.3　交通现状

（1）交通现状

对外交通方面，现状村庄主要对外联系的交通为 S203 省道，村内有两条主要车行道。

（2）交通问题

村内巷道道路较窄，现状仍有部分通组路和串户路宽度过窄以及未进行硬化。现状有一条次要车行道为泥土路，道路旁种植绿化较少且不规整。

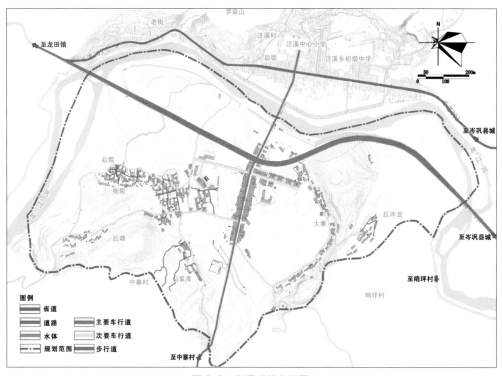

图 2-3　交通现状分析图

2.4 阿房万户列——建筑别具一格，古今风貌混杂

2.4.1 建筑层数分析

村庄目前有一层建筑 90 栋，占比 52.02%。二层建筑 30 栋，占比 17.35%。三层建筑 39 栋，占比 22.54%。四层及以上建筑 14 栋，占比 8.09%。老建筑层数多为一层，新建筑为二、三、四层，移民街建筑以四、五、六层为主。

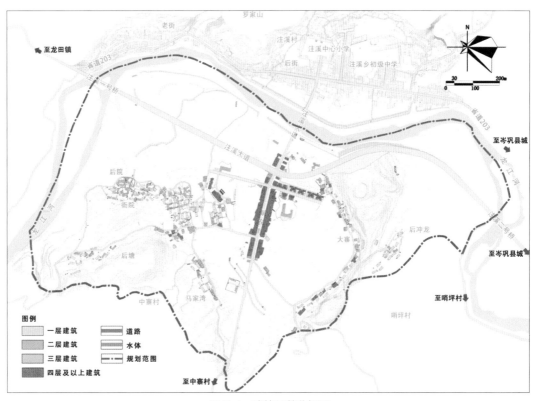

图 2-4　建筑层数分析图

（a）　　　　　　　　（b）　　　　　　　　（c）　　　　　　　　（d）

图 2-5　建筑层数现状
（a）一层建筑；（b）二层建筑；（c）三层建筑；（d）多层建筑

2.4.2 建筑质量分析

村庄目前有较好质量建筑 39 栋，占比 22.54%。中等质量建筑 111 栋，占比 64.16%。较差质量建筑 23 栋，占比 13.30%。建筑质量整体状况良好；少量建筑质量差，有待进一步改善。

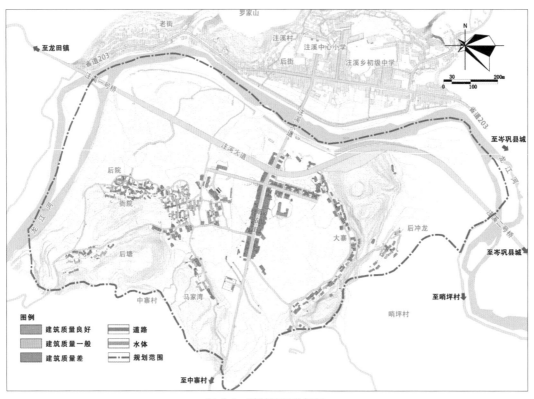

图 2-6 建筑质量分析图

（a）　　　　　　　　　　（b）　　　　　　　　　　（c）

图 2-7 建筑质量现状
（a）建筑质量良好；（b）建筑质量一般；（c）建筑质量差

2.4.3 建筑风貌分析

村庄目前有传统建筑 101 栋，占比 58.38%。混搭建筑 3 栋，占比 1.73%。现代建筑 67 栋，占比 38.73%。在建建筑 2 栋，占比 1.16%。传统建筑集中，但新建建筑与其风貌不协调，需对建筑立面进行微整，形成良好的古寨建筑风貌群。

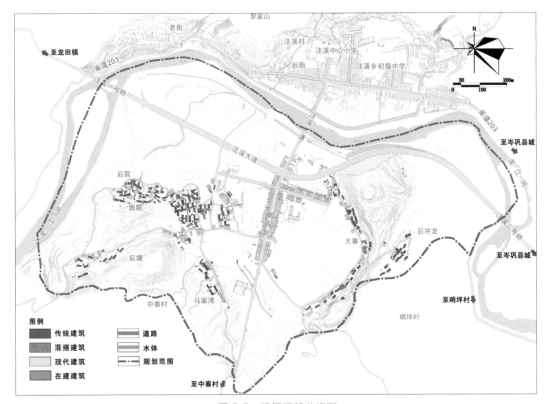

图 2-8　建筑风貌分析图

（a）　　　　　　（b）　　　　　　（c）　　　　　　（d）

图 2-9　建筑风貌现状

（a）传统建筑；（b）混搭建筑；（c）现代建筑；（d）在建建筑

2.4.4　建筑功能分析

村庄目前有闲置建筑 7 栋，占比 4.04%。废弃建筑 9 栋，占比 5.20%。出租建筑 1 栋，占比 0.58%。公共建筑 12 栋，占比 6.94%。自住建筑 144 栋，占比 83.24%。后期可对闲置、废弃建筑进行修缮利用发挥其价值。

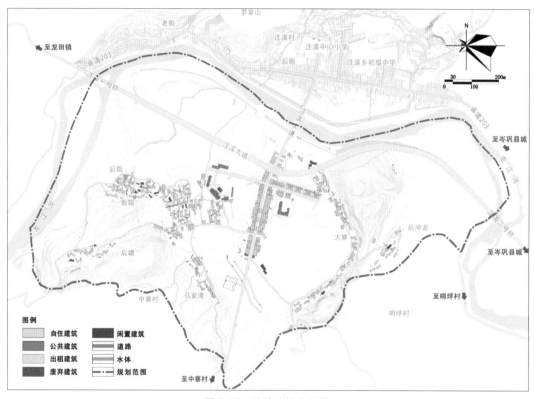

图 2-10　建筑功能分析图

（a）　　　　　　　　（b）　　　　　　　　（c）　　　　　　　　（d）

图 2-11　建筑功能现状
（a）自住建筑；（b）公共建筑；（c）废弃建筑；（d）闲置建筑

2.4.5 建筑屋顶色彩分析

村庄中有部分建筑屋顶采用的蓝色彩钢板与村庄中传统青瓦屋顶不协调。后期可对蓝色屋顶房屋进行统一的协调改造。

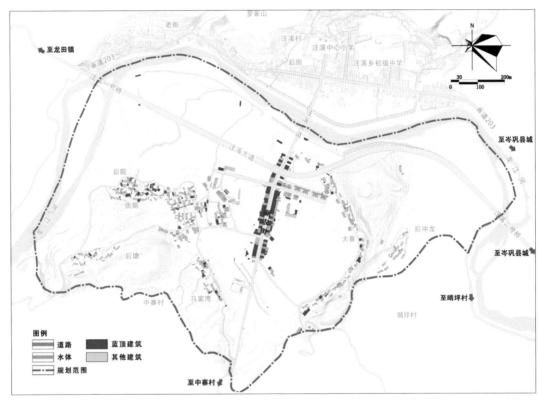

图 2-12　建筑屋顶色彩分析图

图 2-13　不同角度下鸟瞰图

2.5　十里稻花香——产业定位明确，三产联动不足

2.5.1　产业现状

衙院村村民收入主要为务农所得与劳动力外出务工。全村劳动力外出比例高，全村 413 名主要劳动力中，215 人外出务工，劳动力人口占比为 52%，劳动力外出占总人口 27%，抚养比

为66%。在家务工村民主导产业为杂交水稻制种，制种面积150亩；特色产业为思州柚，建有思州柚基地200亩。2020年，农民人均可支配收入达11522元。建立了村级农民专业合作社，村集体经济积累有10万元。

2.5.2　土地流转

2020年全村土地流转情况主要以土地出租为主，村民集体土地流转到农业种植大户手中进行集中规模种植。

土地流转情况　　　　　　　　　　　　　　　　　　表2-1

序号	土地流转农户名称	流转土地经营项目	规模	发展存在问题
1	田永开	杂稻制种	1200亩	缺乏资金
2	吴再先	杂稻制种	200亩	缺乏资金
3	田永海	草莓	30亩	缺乏资金技术
4	龙昌文	西瓜	50亩	缺乏资金
5	田永忠	优质稻	50亩	缺乏资金
6	杨秀勇	思州柚	200亩	缺乏资金、销售难

2.6　结庐在人境——镇村一体格局，设施匮乏紧缺

注溪大道横穿衙院村中部，镇村逐渐一体化发展。村内的公共基础设施主要来自镇上的供给。村庄内部公共基础设施的匮乏，使得村民在日常活动的休闲活动中走上了"辟谷"的道路。

图2-14　镇村一体图

2.7　王者贤且明——村民和衷共济，保护意识强烈

乡村基层组织的素质好坏，直接关系到乡村基层各项措施的贯彻落实，衙院村共有村干部3人，平均年龄43周岁，学历均为高中以上。衙院村共有党员31名，村党支部战斗力、号召力强，工作基础较好，群众发展意愿强烈，积极支持村"两委"工作，民风淳朴，社会和谐稳定。

2.8 绿树村边合——山—林—田—河—村，景观格局平衡

衙院村在逐步发展的过程中与周边自然环境形成了"山—林—田—河—村"相对平衡的格局，地景地物的差别成为衙院村区别于其他村庄的重要因素。这样一种格局是在历史发展过程中逐步形成并趋于稳定，其本身成为只属于衙院村的景观格局特征。

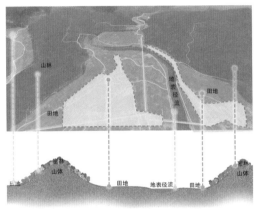

图 2-15　山水格局分析图

图 2-16　衙院村航拍图

3　失·冲击难敌，苒苒物华休

3.1 三大冲击——自然消损、人为破坏、建设破坏

3.1.1 冲击其一：自然消损

传统木构建筑消损：现代的砖混结构、框架结构逐渐取代传统木构建筑的居住建筑形式，传统木构房屋随着时间更迭逐渐淡出视野，慢慢消逝。

图 3-1　木构建筑逐渐消损

古井、土地庙等传统构筑消损：随着青年一代思想观念和生活观念的变化，传统精神象征中的古井、土地庙等逐渐丢失了象征意义，缺少维护，自然消损。

图 3-2　传统构筑消损

古代家具、围墙等消损：现代社会生活方式和环境的更迭，传统的家具、围墙等逐渐被取代。

图 3-3　古代家具、围墙消损

3.1.2　冲击其二：人为破坏

20 世纪"文革"等特殊时期，这些具有深厚人文价值的牌坊、古庙等被视作封建遗毒被人为推倒破坏，至今只留下了这些静静诉说衙院故事的遗迹残片。

图 3-4　破败的牌坊碎片示意图

3.1.3 冲击其三：建设破坏

现代无序的建设挤占大量公共空间，破坏了现状景观、文化空间、绿化空间等。

图 3-5　废弃房屋和建筑垃圾示意图

图 3-6　待修复的墙

3.2　皮之不存毛将焉附——日渐消融的物质文化实体

3.2.1　传统戏台消失

作为过去乡村休闲活动的聚集地，承载了过去乡村的记忆，是村落重要的文化空间。戏台空间的保护与利用，对乡村的文化振兴有着重要意义。

3.2.2　娃娃场活动消逝

省级非遗传统文化娃娃场活动，是较早的儿童节日。每年农历六月初六，注溪乡各村寨及邻近乡镇的少年儿童在其父母的带领下，进入注溪老街赶场。活动蕴含农村社会对少年儿童的爱护以及关怀。

3.2.3　功名华表散落

衙院的中兴得益于清朝时期田氏族人用功读书中举。功名华表是田氏先人奋发图强，中兴家族的见证。体现了田氏先人勤奋好学，用心求知的精神。

3.2.4　贞节牌坊毁坏

衙院村原有贞节牌坊7座，均兴建于明代时期，记录和反映了衙院过往历史。体现了衙院过去对女性的尊重与敬佩，是对古代女性坚贞不渝坚守的褒奖。

（a）　　　　　　（b）　　　　　　（c）　　　　　　（d）

图3-7　文化实体
（a）传统戏台;（b）娃娃场活动;（c）功名华表;（d）贞节牌坊碎片

3.3　昔日辉煌今之没落——乡村文化传统日渐衰落

3.3.1　古贤文化

思播田杨，两广岑黄。作为四大土司之一，田氏土司统治下的思州为之后贵州的版图奠定了基础。套用一句白话而言就是"衙院的祖上也曾阔过"。衙院的先人们为后世做出了一定的贡献，这样的历史应该被后人知晓。

3.3.2　功名华表文化

功名华表背后代表了古代衙院的读书学习精神，华表的修建是衙院前人们对读书求知精神的认可。衙院众多的华表代表过去衙院众多的勤奋先贤，这是衙院宝贵的精神财富。

3.3.3　土司文化

田氏土司故里见证了衙院前人们辉煌的过往，也记录了土司文化。土司文化作为中国独有的一种文化，在整个世界上是罕见的，蕴含了前人们的管理智慧。这一管理智慧促进了民族地区的持续发展，有助于国家的长期统一，并在维护民族文化多样性传承方面具有突出的意义。土司制度曾为国家的发展做出巨大贡献，多样的文化是一个民族的重要资源，共同构建了人文风景。

图 3-8　古代展示文化图

3.4　百年传承一朝变样——新旧风貌冲突，文化审美缺位

由于贵州独特的地理与地质条件，合院建筑在贵州相对罕见，作为曾经的少数民族地区，衙院的合院建筑是汉文化在贵州传播的一大佐证。其见证了曾经的民族大融合。衙院曾有合院建筑 15 座，由于保护不当与为各种建设让行，14 座合院建筑遭到了拆除，仅剩的 1 座合院四周也加建了各种现代化气息的钢棚、混凝土建筑。传统合院正一步步受到威胁。

图 3-9　风貌冲突图

4　思·两转两合，衮衮繁华地

4.1　村庄古韵传承——转变资源消损态势

衙院居民的自我保护意识强烈，对日渐消损的衙院土司要素进行修缮和保护，使其土司文化能够传承并且发展起来，成为独特"土司文化"的传承发展之地。

4.1.1　土司合院修缮保护

主要问题：衙院传统建筑较为破旧，地面老化，有裂痕，材质不均匀，木结构房屋老化，存在安全隐患，房屋院落杂乱，缺少绿化景观。

修缮策略：将传统建筑维修修缮，对屋面材质进行统一，提升改造四合院院落环境，对老化地面、建筑进行修复，使得整体风貌更加和谐。

打造整体风貌完善的四合院建筑，恢复四合院历史风貌，提升四合院居住环境，找寻四合院历史记忆。

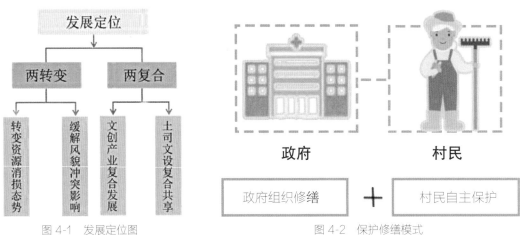

图 4-1　发展定位图　　　　　　　图 4-2　保护修缮模式

图 4-3　合院改造图

4.1.2　土司古城墙修缮

将土司现存的古城土墙进行修复，用生态的手段，加上植物修复。城墙既保留了历史要素，又从生态环保和美观的角度充分考虑。

4.1.3　土司耕具收集保护

将衙院具有土司文化气息的耕作农具收集起来，对其进行修复保护，结合衙院稻田风光，将其布置在稻田小径之间，突出衙院稻田制种的风光同时营造独特的土司气息。

图 4-4 土墙修复意向图

图 4-5 稻田风光图

4.2 邻里文明和谐——缓解风貌冲突影响

从古至今，乡村的发展模式多是"自发生长"的模式，使得衙院村传统风貌在人们生活水平提升的同时也不断丢失和破坏，新建的建筑、道路、街巷等没有受到过多的限制，造成了新旧风貌的不协调。通过对其环境和风貌的改善，达到振兴衙院的目的。

4.2.1 划定文化保护区

挖掘现存的文化空间，听取村内村贤对其故事的描述及建议，对现存的文化空间进行修复，更新文化空间的风貌，充分利用古村寨的历史遗产、人文资源，划定衙院古村寨为文化核心保护区并指定相应的保护建筑。

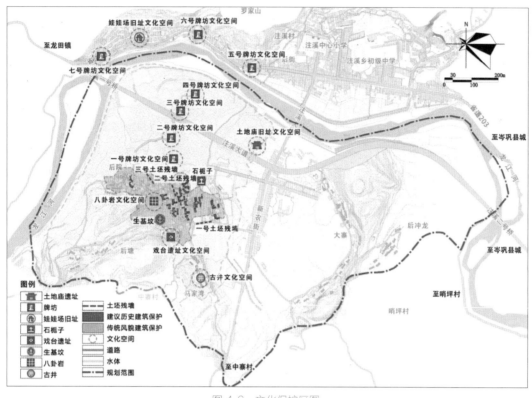

图 4-6　文化保护区图

4.2.2　土司街巷风貌

由于村民新房的搬迁，古村寨的街巷空间便没有特定的管理，使得文化气息浓重的街巷变得杂草丛生，破败不堪且卫生问题严重。因此对街巷空间进行改造升级，古寨外围的道路进行地面材质的改善和环境卫生整治，增加绿植覆盖；对古寨内部的街巷空间采取传统的鹅卵石铺地对街巷进行重新布置。

图 4-7　旁路改造图

图 4-8　街巷意向图

4.2.3　统一建筑模式

在无统一的修建下，新旧建筑之间的风貌迥异，使得建筑之间的风貌不协调，且有许多严重破坏乡村风貌的建筑。古建筑修复宜采用同样的材质，拆除新移民街居民自建的蓝棚，使用统一的青瓦片；从生态的角度，建设部分屋顶花园，对建筑的立面进行统一的色彩调配，并对街道人行道路面进行修复。

图 4-9　建筑现状图　　　　　　　　　　　图 4-10　建筑改善图

4.2.4　村庄风貌改善

村内风貌环境脏差，公路与村域之间缺少一个寨门，进入村前缺少标识，公路与村域之间太过空旷，村域与外界缺少屏障。公路增加行道树，并在村庄入口加上寨门，为衙院村加上了一个屏障，让衙院村多了一分神秘的色彩。为公路增加行道树，美化公路环境，使得环境更加美观。对沿街环境进行改善，道路材质提升改造，使得街道环境适宜居民生产生活，打造出一条日常居民生活散步的一条休闲街道，使得村民的日常生活更加美满。

图 4-11　衙院村寨门改造图

图 4-12　部分道路改造图

4.3　田园柚稻飘香——文创产业复合发展

衙院村主要的产品为思州柚，但思州柚的种植环境较差，导致其品质不佳、产品销路不畅，形成了产能过剩的现象。

在提升思州柚品质的同时，对思州柚全产业链及其经营场所进行包装、设计、创意，打造多功能的柚子创意衍生品，用创意要素打造柚子产业集群。

对思州柚进行加工升级：干品（柚皮糖、果糕、柚子月饼、柚子全宴、金柚酥等）、饮品（金柚啤酒、柚子膏、柚子茶、柚子浓缩汁等）、精品（柚苷、精油、果胶等）。

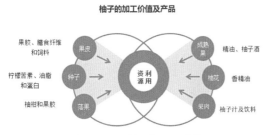

图 4-13　柚子加工示意图

图 4-14　产品宣传图

结合土司文化要素、乡愁记忆、娃娃场等特色文化，在柚子上画上土司历史和当地风景，探索将土司文化、民俗民情等文化元素融入思州柚产品开发利用的方式。

图 4-15　文创产品

4.4　河流鱼翔浅底——土司文设复合共享

衙院村位于注溪镇的旁边，通过恢复衙院的文化空间，丰富其文化生活，健全基础设施，优化乡村风貌，从而提升乡村品质，吸引注溪镇上的居民休闲，建设一个文设共享的村镇一体结构。

4.4.1　优化文化空间

对村内文化空间进行品质提升，采用原始村落的历史要素，改造空间，成为展示衙院土司文化的公共空间，鼓励居民自主开展文化活动，作为开放、展示、共享的场所。

图 4-16　晾晒文化空间改造

4.4.2　文化牌

对土司牌坊碎片进行收集，局部进行小的修复，结合牌坊碎片，设计牌坊衙院标识，将其作为衙院路标指示等功能，实现功能与展示并行，对衙院文化空间进行设计挂牌。

图 4-17　标识牌图

图 4-18　挂牌图

4.4.3　更新游娃娃场路线

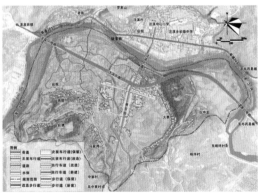

图 4-19　娃娃场路线图　　　　　图 4-20　规划道路图

4.4.4　道路设计

将原有的破旧道路进行修整，增加与注溪镇连接的道路，设计步行道及车道，方便衙院居民的生活，也利于外来人员的便捷使用。

5 施·运行措施,历历皆护航

5.1 文化的传承延续

村集体组织有历史文化底蕴的老辈人在少数民族节日里进行节庆表演,在村庄形成晓衙院历史、做衙院名人、明衙院兴衰的乡风。宣扬衙院的土司文化使其发展成为地区的文化保护宣传基地。政府出台自上而下地传承保护土司文化的政策,最终在村庄形成自下而上的自觉保护意识。

图 5-1　运行模式图

5.2 产业的突破尝试

借鉴优秀的村集体合作模式,建立村民利益共同体,形成政府牵头、企业(大户)主导、村民参与的模式,让村民融入村集体产业的建设发展,为村庄产业的发展注入活力。对于不愿加入合作社的村民,鼓励家庭作坊形式的生产,针对思州柚做出各种衍生产品。

5.3 文化保护机制

建立"村民+村支委"的保护机制,村民为保护一线人员,村支委为保护后盾,加强对村庄现存的文化空间和土司文化实体的保护。

5.4 信心提升机制

衙院有着深厚的精神力量,古代的牌坊、石栀子、功名华表背后蕴含的精神值得后人去学习,宣传背后的感人精神,提升衙院文化自信。

第 四 部 分

乡村设计方案
竞赛单元

乡村
振兴

2021年全国高等院校大学生乡村规划方案竞赛
乡村设计方案竞赛单元
评优组评语

李京生

2021 年大学生乡村规划方案竞赛
乡村设计方案竞赛单元　评优专家

中国城市规划学会乡村规划与建设
学术委员会　顾问

同济大学建筑与城市规划学院
教授

1. 总体情况

本次乡村设计方案竞赛单元共有 51 份作品进入遴选，经过逆序淘汰、优选投票、排名打分和评议环节，评出各等级奖项，最终结果为：一等奖 1 个、二等奖 2 个、三等奖 3 个、优胜奖 3 个、佳作奖 15 个。

2. 闪光点

第一，作品质量有明显提升。

第二，现状分析深入，并体现出多学科参与的趋势。

第三，关注点更加丰富，设计成果及表达方式更加多样。

3. 提升点："四要"

第一，研究成果要转化。

目前作品中现状分析过多，设计成果转化薄弱，且仍然存在表达过度等问题。

第二，形式和功能要并重。

部分作品存在过分夸张的建筑形象，并且建筑平面设计过于简略。

第三，乡村建筑要策划。

作品中的村民活动中心建筑设计，普遍存在规模过大的问题。

目前大家对乡村建筑的多功能性和空间复合使用的认识尚显不足。

第四，乡村特色要体现。

目前作品中的村宅厨房和村宅厕所设计，仍然缺少乡村能源和资源综合利用的研究，以及空间设计要素的探讨。

（以上内容根据李京生教授在西安年会上的点评 PPT 整理发布。）

2021年全国高等院校大学生乡村规划方案竞赛
乡村设计方案竞赛单元专家评委名单

序号	姓名	工作单位	职务 / 职称
1	吴长福	同济大学建筑与城市规划学院	教授
2	李京生	同济大学建筑与城市规划学院	教授
3	王海松	上海大学美术学院	教授
4	汪孝安	华建集团华东建筑设计研究总院	全国工程勘察设计大师、总建筑师
5	卓刚峰	华建集团历史建筑保护设计院	常务副院长
6	夏莹	上海新外建工程设计与顾问有限公司	董事总经理
7	张尚武	上海同济城市规划设计研究院有限公司	院长、教授

2021年全国高等院校大学生乡村规划方案竞赛
乡村设计方案竞赛单元决赛获奖名单

评优情况	报名编号	方案名称	院校名称	参赛学生	指导老师
一等奖	XD437	聚田为景，其上新生	昆明理工大学建筑与城市规划学院	席亚萍	李莉萍
二等奖	XD445	"新兴"向荣	长安大学建筑学院	黄锶仪　马诚遥　何　显　陶静谊	张　磊　李　云　陈　茜
二等奖	QD070	归园慢漫，悠见南山	西安美术学院建筑环境艺术系	孙宁鸿　牛佳欣　杨　烁　郑芷琪　甘　芝　黄业勤	刘晨晨　吴　昊　李　喆
三等奖	JD074	剧场厨房	重庆大学建筑城规学院	高嘉婧　郭亭君　王　迟　郭雨寒　张孟瑶　向花仪	魏皓严　黄海静
三等奖	XD500	厨房更迭，荫下同餐	同济大学建筑与城市规划学院	李思颖　霍逸馨　张笑妍　蔡雨欣　李轶男	栾　峰　张尚武　刘　超
三等奖	XD462	南桥织梦	厦门大学建筑与土木工程学院	向彦霖　胡兆钰　李柄源　黄佳鸿	王量量　韩　洁
优胜奖	QD076	云台上	长安大学建筑学院	周志浩　支雨婧　魏大森　姚竞波　柯少红　吕嘉怡	刘　伟　卢　烨　王嘉伟
优胜奖	XD477	藏式民居厕所改造	西南民族大学建筑学院	王雅慧　王欣怡　朱羽彤　胡逸洁	张　伟
优胜奖	QD075	亭下院中	长安大学建筑学院	闫嘉伟　王雪薇　魏少斐　刘　珂　方严洁　杨　凯	许　娟　刘　丹　朱彩霞

（注：因为篇幅有限，故只刊登一、二等奖获奖作品）

2021年全国高等院校大学生乡村规划方案竞赛

乡村设计方案
竞赛单元

获奖
作品

聚田为景，其上新生

一等奖

【参赛院校】 昆明理工大学建筑与城市规划学院

【参赛学生】

席亚萍

【指导老师】

李莉萍

▤ 作品介绍

一、活化背景

实施乡村振兴战略，要坚持农业农村优先发展，加快推进农业农村现代化；要坚定走生产发展、生活富裕、生态良好的文明发展道路，建设美丽中国，为人民创造良好的生产生活环境。各地加快新农村建设，美丽乡村建设，让乡村更美、环境更好、村民更富。一直以来党对农业、农村和农民的发展高度重视。无论产业兴旺、生态宜居、乡风文明、治理有效、生活富裕的总要求，还是促进农村一二三产业融合发展，这些都抓住"三农"工作的"牛鼻子"。

阿者科村隶属于云南省红河哈尼族彝族自治州元阳县新街镇爱春村委会管辖，位于元阳梯田半山深处一座六十多户人家的哈尼族小村寨，是位于"世界文化遗产，千年哈尼梯田"核心区——元阳的重点传统村落之一，这里保留有典型的"森林—水系—梯田—村庄"生态聚落和传统茅草顶蘑菇房。每年11月至次年4月，来这里的中外游客络绎不绝。

"阿者科"按照字意是指最旺盛吉祥的一个小地方，"阿者"在哈尼语中语意为滑竹成片成林的地方。蘑菇房是阿者科村的哈尼族的传统民居，阿者科村是目前仅存的两个保存尚完好的哈尼族古村落之一。阿者科村2014年被列入第三批中国传统村落名录，也是世界文化遗产红

村落实景图

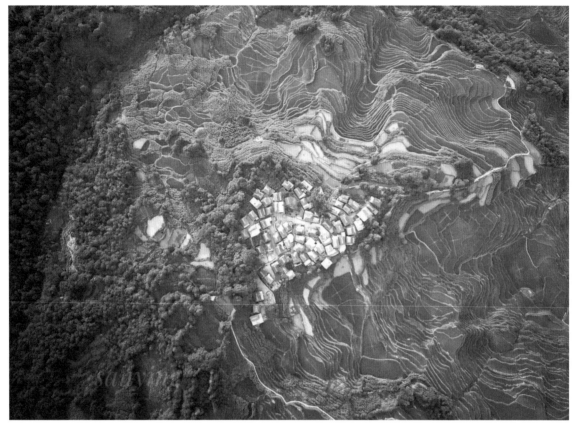

村落全景图

河哈尼遗产区五个申遗村寨之一。阿者科村适地营造的传统建造方式，敬畏自然、崇拜自然的传统观念，以及自然人文景观所构成和谐人居环境，体现出哈尼族传统聚落营建的凝聚力、勤劳和顽强的精神。2019年11月13日，阿者科村入选2019年中国美丽休闲乡村名单。2019年12月31日，其被国家民委命名为第三批"中国少数民族特色村寨"。村子的下方是哈尼族村民千百年来长期耕作的梯田，是村民生产和生活的空间，也是哈尼族文化瑰宝的诞生地。村寨则由一栋栋传统民居建筑蘑菇房组合而成，错落有致。由于村寨上方保留有完整的树林，所以全村的生产生活用水，均取自山上的山泉水。这种传统的人居环境充分体现了山、水、村、田、林和谐共生的关系。在这样的大背景下，选择云南省红河哈尼彝族自治州元阳县阿者科村作为改造活化的村落。

二、设计理念

受疫情与极端天气影响（元阳县多发泥石流与山体滑坡），此次调研过程由文献资料收集和影像资料调研两部分组成。

　　方案选址位于大树广场（村落主要公共空间）与樱花林（消极空间）之间，打通二者之间的游览路线，激活消极空间。延续了村落的肌理，利用传统的建筑材料（土坯砖、茅草顶等）结合现代建筑的功能，适应梯田地景，融入壮阔的大地景观之中。

　　建筑通过提取传统的蘑菇房平面进行变形，将独栋建筑在平面上整合为一个整体，但外观上却又是一个个的"小蘑菇"，既与周围环境相融合，保持建筑的在地性，又满足公共建筑的功能与流线要求。

　　作为公共建筑，在考虑到每年的旅游淡旺季经营的实际情况下，展馆设计了两条主要流线，一条为游客流线，另一条为村民流线，设置的公共卫生间服务于两种人群。村民活动中心不仅服务于本村村民，也能为外来游客提供了解当地文化的场所，使得建筑能够一直保持良好的使用。

　　在方案内部设置四处观景平台（兼晒台），提供不同高度的梯田观赏区域。方案结合哈尼族的森林—村庄—梯田—水系进行四素同构的设计，融合了四种元素，在1000m²的活动中心内即可体验传统的哈尼文化。

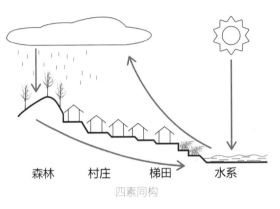

四素同构

樱花林现状照片

三、选址分析

　　本方案选址于大树广场旁，梯田之上，拥有极好的观景视野。现在村内风景极佳的樱花林基础设施十分破败，没有完整道路，无法满足人们的游憩需求。但其与村内主路相连，所以方案也对樱花林进行修复，在村内大树广场与樱花林之间开辟一条道路与方案的主入口相连，既完成了对樱花林现状的整改，又为活动中心提供了一个环境极佳的"前广场"。

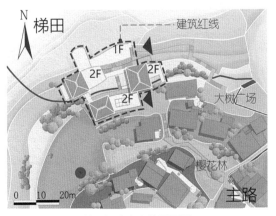

村民活动中心总平面图

四、空间分析

通过村民—游客两条动线进行设计，二者互不干涉。既为村民提供了休闲娱乐的场所，又打造了哈尼族红米自播种到加工的完整农耕链条。形成完整的农耕文化活态展览馆，力图吸引游客，为当地的旅游产业增加收入。

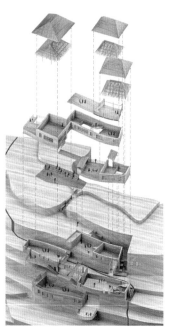

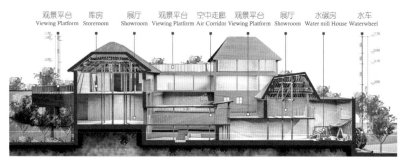

村民活动中心剖面图

村民活动中心轴测图

五、小结

本次方案从村民活动中心入手，但不将使用对象仅限定为本村村民，结合阿者科村世界遗产地核心区得天独厚的优势，将流线设为村民与游客两条动线，结合当地蓬勃发展的旅游产业，帮助当地经济发展。

设计效果图

聚田爲景，其上新生——阿者科村民活动中心设计 ①

学校：昆明理工大学建筑与城市规划学院　姓名：席亚萍　指导老师：李莉萍

水绕梯田篱绕居，樱花落尽草木稀。径端忽现台阶路，飘来田里流水声。
穿厅目见塘上空，伫望远田虚实间。层层有景眉间见，似有"蘑菇"出田上。

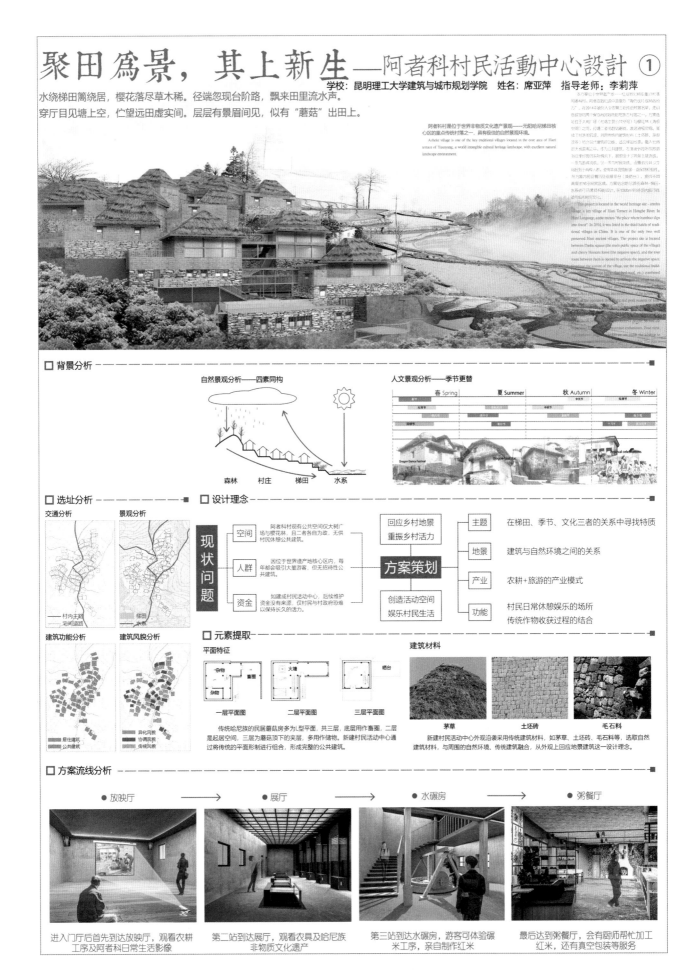

□ 背景分析

自然景观分析——四素同构

森林　村庄　梯田　水系

人文景观分析——季节更替

| 春 Spring | 夏 Summer | 秋 Autumn | 冬 Winter |

□ 选址分析

交通分析　　景观分析

建筑功能分析　建筑风貌分析

□ 设计理念

现状问题

空间　阿者科村现有公共空间仅大树广场与樱花林，且二者各自为政，无供村民休憩公共建筑。

人群　因位于世界遗产地核心区内，每年都会吸引大量游客，但无招待性公共建筑。

资金　如建成村民活动中心，后续维护资金没有来源，仅村民与村政府恐难以保持长久的活力。

方案策划

回应乡村地景
重振乡村活力

创造活动空间
娱乐村民生活

主题　在梯田、季节、文化三者的关系中寻找特质

地景　建筑与自然环境之间的关系

产业　农耕+旅游的产业模式

功能　村民日常休憩娱乐的场所
传统作物收获过程的结合

□ 元素提取

平面特征

一层平面图　　二层平面图　　三层平面图

传统哈尼族的民居蘑菇房多为L型平面，共三层，底层用作畜圈，二层是起居空间，三层为蘑菇顶下的夹层，多用作储物。新建村民活动中心通过将传统的平面形制进行组合，形成完整的公共建筑。

建筑材料

茅草　　土坯砖　　毛石料

新建村民活动中心外观沿袭采用传统建筑材料，如茅草、土坯砖、毛石料等，选取自然建筑材料，与周围的自然环境、传统建筑融合，从外观上回应地景建筑这一设计理念。

□ 方案流线分析

● 放映厅　→　● 展厅　→　● 水碾房　→　● 粥餐厅

进入门厅后首先到达放映厅，观看农耕工序及阿者科日常生活影像

第二站到达展厅，观看农具及哈尼族非物质文化遗产

第三站到达水碾房，游客可体验碾米工序，亲自制作红米

最后达到粥餐厅，会有厨师帮忙加工红米，还有真空包装等服务

聚田爲景，其上新生 ——阿者科村民活動中心設計 ②

学校：昆明理工大学建筑与城市规划学院　姓名：席亚萍　指导老师：李莉萍

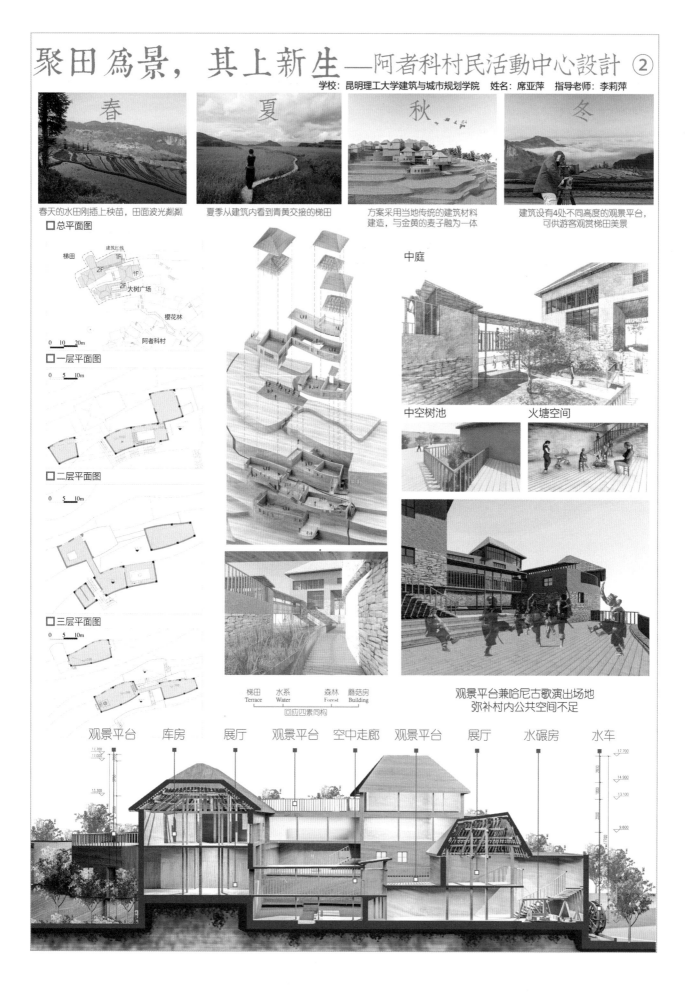

春天的水田刚插上秧苗，田面波光粼粼（

夏季从建筑内看到青黄交接的梯田

方案采用当地传统的建筑材料建造，与金黄的麦子融为一体

建筑设有4处不同高度的观景平台，可供游客观赏梯田美景

□ 总平面图

梯田　建筑红线　1F
2F　1F
2F　大树广场
樱花林
阿者科村
0　10　20m

□ 一层平面图
0　5　10m

□ 二层平面图
0　5　10m

□ 三层平面图
0　5　10m

梯田　水系　森林　蘑菇房
Terrace　Water　Forest　Building
回应四素同构

中庭

中空树池　　火塘空间

观景平台兼哈尼古歌演出场地
弥补村内公共空间不足

观景平台　库房　展厅　观景平台　空中走廊　观景平台　展厅　水碾房　水车

17.700
17.000
13.300

17.700
14.900
13.100
9.600

"新兴"向荣

二等奖

【参赛院校】 长安大学建筑学院

【参赛学生】

黄锶仪　　　　　马诚遥　　　　　何　显　　　　　陶静谊

【指导老师】

张　磊　　　　　李　云　　　　　陈　茜

▨ 作品介绍

一、区位简析

　　周至县隶属于陕西省西安市，紧临西安市高新区。集贤镇位于周至县东南位置，距离西安市高新区较近，可依靠西安的发展平台进行经济连带的发展。因为距离较近，自西安到赵代村约一小时车程，许多西安本地游客周末会选择到周边县城采风旅游。107省道从赵代村中部穿过，使其具有了优秀的对外交通条件。赵代村东距集贤镇3.9km，西距周至县15km，距离西安市60km。本次改造选择的赵代村财神祖庙及其附属服务用房场地位于赵代村四组，靠近省道。

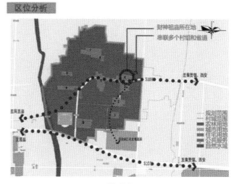

区位分析

二、三生视角分析

　　随着中国经济发展，人与自然和谐共生的理念愈发深入人心。三生视角有助于我们更好地面对乡村当下的发展问题，从农民生产生活视角下审视村民活动中心的需求，真正做到让乡村的活动中心"服务于村民，服务于发展，服务于未来"。

三生视角分析

通过三生视角，我们发现集贤镇空心化严重，在得天独厚的秦岭脚下，当地的农业并没有把村内的人才留下，本村的生产文化式微。目前村内以第一产业为主，但第一产业并未实现收入最大化，销售渠道未打开导致第一产业在产量高的情况下利润依然不理想。

三、概念生成

基于以上的分析，我们针对村落发展沿革进行信息收集与研究，发现在不同的经济发展环境下，村落上层文化发展也有不同的表现形式。随着城市化发展，出现一部分年轻人由于城市生存发展压力大而选择返村发展的现象。依托于集贤镇高产的猕猴桃，打造属于集贤镇的网销平台，有利于吸引年轻人返乡。在年轻人大量返乡情况下，村内需要设置乡村办公处及时解决销售时遇到的问题。

"新兴"向荣概念提出以新的空间形式支撑兴起的乡村现代经济、新经济和文化环境下所需的空间。在设计时我们将视角落在村内办公的人员，创造适合当地地域性及农村活动行为的办公空间，带动村落经济发展，从而达到实现城乡平衡发展的愿景。

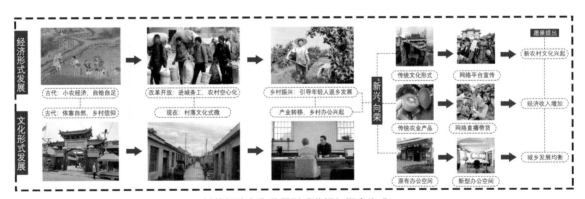

村落经济文化发展形式分析与概念生成

四、现状与需求分析

在调研中发现，目前的猕猴桃大部分是由企业收购或农民个体进行冻库冷藏后进行二次加工，对于个体农户来说，大量的新鲜的猕猴桃并没有办法在短时间内销售出去。对于年轻力壮的个体户来说，到省道边上进行销售是最快的方式。村民进行网销只能依靠常用的聊天平台，没有完整的直播和销售体系。村内没有大型的集体产业，村民们只能通过路边自制的简陋牌匾展示自己的农产品，未能良好进行宣传活动。

　　除此之外，村内当前的办公活动空间设计并不合理，未能完全满足办公要求，村民的文娱活动也没有合适的空间进行解决。

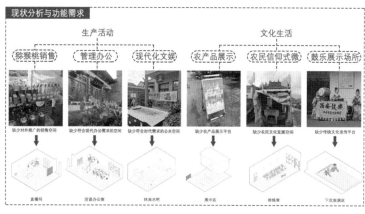

现状分析

五、方案生成

　　在原基地的场地上，针对不同的建筑进行分类改造，加入村内缺少的活动空间，并在形式上契合村落原有文脉。

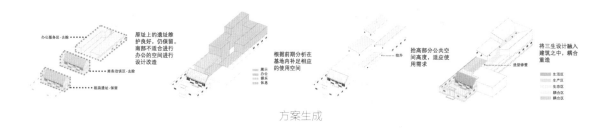

方案生成

六、效果展示

效果图

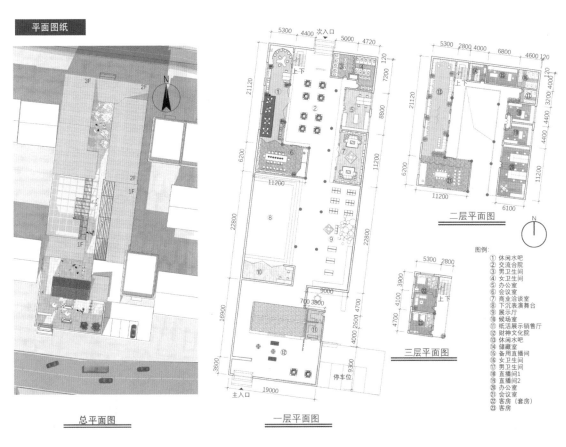

平面图

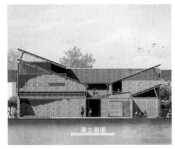

立面图、剖面图

七、使用场景

爆炸图与使用场景展示

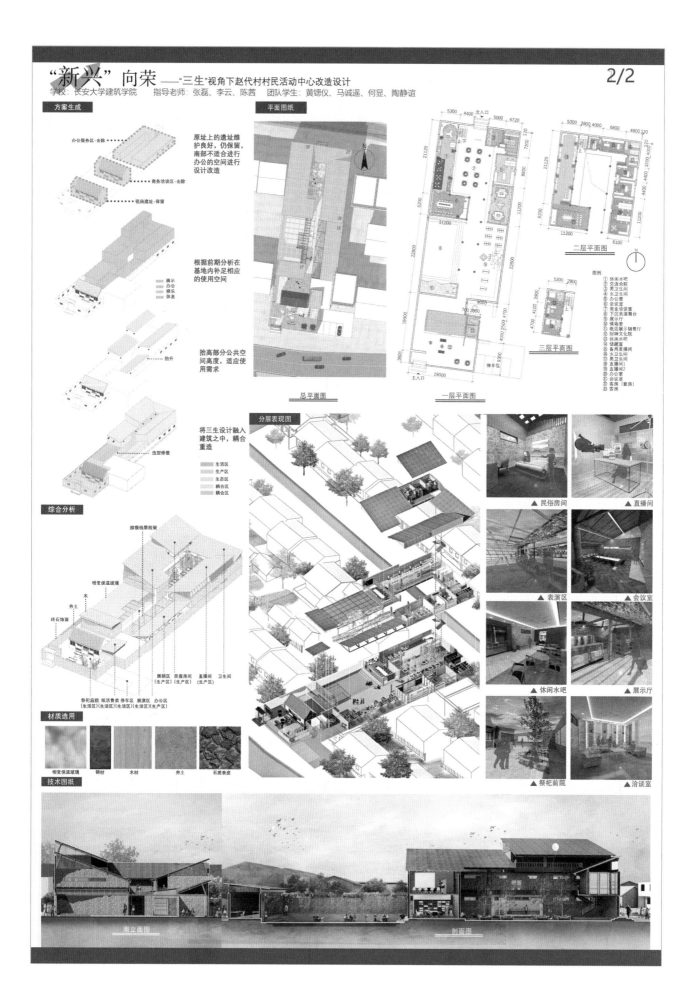

◇　　　# 归园慢漫，悠见南山

───────
二等奖
───────

【参赛院校】 西安美术学院建筑环境艺术系

【参赛学生】

孙宁鸿　　　　牛佳欣　　　　杨 烁　　　　郑芷琪

甘 芝　　　　黄业勤

【指导老师】

刘晨晨　　　　吴 昊　　　　李 喆

▦ 作品介绍

一、设计背景

　　秦岭不仅是我国重要的南北分水岭，也是极其珍贵的自然资源宝库，与长江黄河一同孕育着中华文明。秦岭北麓村落也在城市扩张与生态建设推进进程中遇到了新的发展问题与生存挑战。

　　乡村自身形态与意义变得越来越模糊，如何发挥村落所处秦岭区位的环境资源优势，挖掘唤醒村落文化精神，通过不同尺度的设计改造解决村民生活诉求，成为秦岭北麓村落良性发展、定向发展的重要方面。

二、基地概况

　　殿镇村位于秦岭田峪口东侧，处于山前峪口冲洪积扇浅山平原过渡带，地形由南向北逐渐降低。隶属陕西省西安市周至县，全村面积约 20km²，西与楼观台国家森林公园隔岸相望，北与财神文化景区及曲江农业博览园相连，南部紧临秦岭国家植物园，交通便利，山水相依，人文景观历史悠久。

　　全村户籍人口约 4012 人，共有 11 个村民小组，老人约 700~800 人，儿童、小学生共计约 200 人，残障人士约 200 人。除去外出打工人员，村落常住人口约 1500 人。

三、设计定位与选址

　　在确定设计选址前，对村落进行了相关区位、人口经济、周边资源、人居环境要素等现状的实地调研，并对村落不同的公共空间、公共活动类型、活动人群进行了分类整理和分析。

同时，以问卷调查、进户走访、与村委会交流等方式来确定村民诉求，最终确定村委会东南角半废弃高地为设计场地，并根据调研成果明确了活动中心的核心功能和建设方式。

在满足村委村民功能诉求之外，也对村落未来产业发展的可能性和趋势作出了预测和判断，进而提出了相关的应用发展方式和设计策略。

四、前期分析

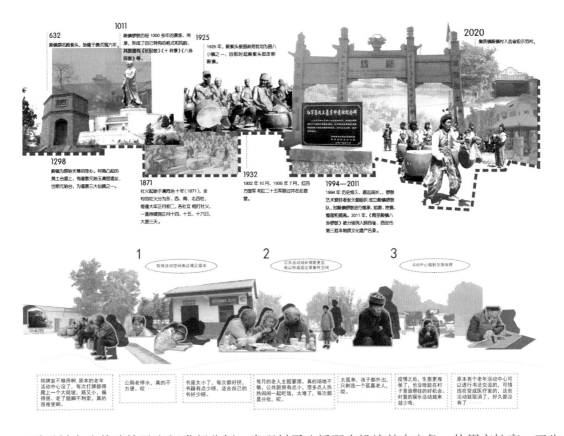

对于村内公共建筑及空间进行分析，发现村子生活配套设施基本完备，使用率较高。卫生所的位置在四年前发生改变，从村委会广场入口处搬迁至广场内。村内有三个幼儿园，一处为公办，两处为私办。广场戏台会定期举办活动，作为较正式的舞台使用。现有临时活动室位于村委广场南边高地，室内非常简陋，以石棉瓦为顶，为临时搭建的棚屋。

五、设计策略

1. 策略 A　框架式功能聚合

在老龄化加重、年轻劳动力流失的客观情况下，仅存的公共活动空间活力变得愈发珍贵。现有活动中心被临时安置到村委会广场南边高地上，功能单一，存在严重的需求不匹配，临时搭建的建筑空间环境简陋，甚至存在安全问题；同时，场地仍有部分建筑空间未被开发，属于废弃、闲置的状态。

对此，我们认为，新建活动中心的建筑空间、景观空间价值既要满足实际活动需求，还应解决村内老人居多、村域跨距大、空间功能需求多样的问题。同时，还需要对于村落的未来产业更新以及非村落村民、村落未来村民群体的使用可能性进行预测。

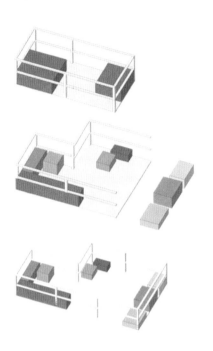

A1 功能聚合

乡村功能模糊与清晰的对抗，最终以一个看似综合，而又能随意转换功能的空间呈现，交通、活动、展示、公园多个村落关键词构建了新的殿镇村公共生活空间。

A2 框架式建筑策略

保持空间的持久承载力，探索文化空间的意义。与柔性结构不同，乡村需要印记，硬性结构基础上进行柔性空间的使用以应对乡村的未知与多变。

A3 框架式实现方式

基于现有村民活动场所选址，并对现有场地进行整体规划和设计改造，赋予多种相关功能空间，并以建筑、景观综合性设计来建立村委广场与高地活动中心的联系。与以往单纯增设功能空间不同的是，我们尝试构建了一个可以实现多种功能安置、全龄友好的、易于转化的空间框架，框架能够承接村落未来发展的多种可能性，以一种相对稳定的结构形式存在，在此框架基础上进行空间规划与空间引导，从结构、功能、外形识别度等多层面进行设计，以构建一个方便使用、引导使用且具备较高审美层次的地标式建筑空间、景观空间。

（1）场地空间整体规划

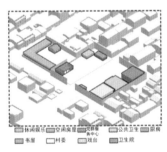
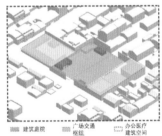
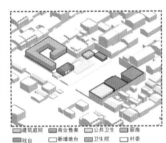

（2）场地功能空间设计转化

设计场地所在区域有行政办公建筑、医疗卫生建筑、礼堂大广场多种公共功能空间，并有主路从中穿过，设计场地南北两条路落差有 2.5m，这些场地环境问题共同成为活动中心改造设计的客观影响因素。

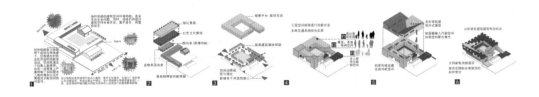

（3）场地功能空间聚合构架

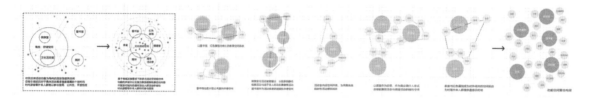

2. 策略B　山行式交通赋能

活动中心设计场地处于两条东西干道之间，南北落差有2.5m，对于老龄人群的交通出行和活动造成影响，同时，有限场地的功能增叠必然造成竖向交通的增加，在坡地处理与建筑楼层要求下的竖向交通系统成为一种限制。

我们结合设计场地所在区域的其他重要公共建筑的影响，将活动中心设置为连接主干道、活动建筑与活动广场的双向重要交通枢纽。同时，由于活动中心与南面的秦岭山脉直接对话，因此，我们将场地存在的阶梯转化为山中游观的山形步道，并提取了秦岭山势、山形、山韵三个层面的体感特征，并将其以空间造型、空间引导的形式引入到框架式建筑空间中，构成一整套串联功能区的山行式交通系统，真正赋予交通系统一种核心功能，成为活动中心驻留、游转的重要线性结构。

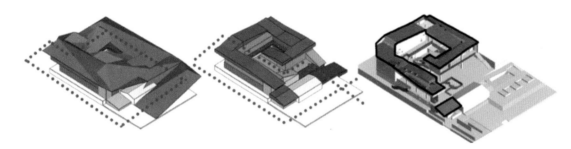

坡屋顶反映场地原有空间动势，并与山形体验的交通系统结合。

对坡屋顶进行线性整合，结合连廊特性强化对秦岭峪口、峪道、山腰、山顶等穿行空间的流动感受，保留场地的基本方形几何建筑语言，以与周边建筑呼应。

秦岭"沉稳""臂膀""孕育"的精神特征可以通过屋顶的空间功能、空间尺度、空间造型来体现，将山形坡顶与屋顶花园、露台紧密结合，并利用地形起伏和植物配置来加强感受。

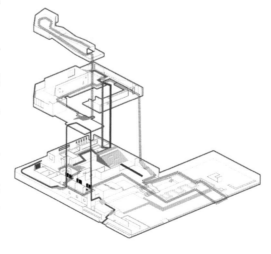

将交通系统的单一串联功能赋予特定的山行空间行为与空间形式，从而提升交通空间内部的体验。通过对村落现有活动需求的调研以及潜在发展方向的定位预测，以确定建筑具体功能空间类型。同时，将村民偶遇闲聊、无事闲逛、乘凉晒太阳等日常基础活动行为进行提取归纳，并以步行横向与爬坡竖向两套交通结构体系为主，构建非正式活动空间，以交通枢纽本身的空间作为潜在活动内容的承载。

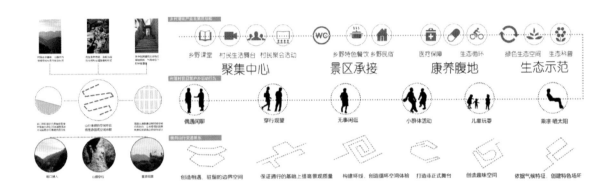

我们将殿镇村的发展方向定位在四个方面：聚集中心、景区承接中心、康养腹地、生态示范空间。

1）聚集中心：以提供村民多种活动空间为核心，并通过空间设计引导活动的发生和进行；通过公共空间的弹性使用，提供乡野课堂、村民生活舞台、聚会平台等临时性文教活动场地。

乡村活动中心的辐射范围取决于活动中心空间吸引力，因此，乡村活动中心本身在以景观、建筑为主要设计手段的方式下应具备更多的空间趣味性和文化认同感，并在满足村民各类活动需求基础上创造多种潜在公共活动发生的机会。

殿镇村依托秦岭北麓优美生态环境资源，村委可牵头组织，包括本村学校师生在内的户外实践课堂，从而构建起走进乡野的户外学习模式，同时，将课堂地点放置在乡野、田间，有利于师生关系的多元培养，并增强学生之间的交流合作能力。

2）景区承接中心：以乡野民宿、乡野特色餐饮为主体的静态慢性体验。

殿镇村东临秦岭国家植物园，西临楼观台道文化展示区，北靠环山公路，田峪河自西南向东北临村而过，周边有曲江农业博览园、赵公明财神文化景区等。殿镇村发展特色旅游产业区位优势得天独厚，将以"最美驿站"为定位点，大力精确发展乡野特色餐饮产业和乡野民宿产业。

3）康养腹地：医疗保健，村民运动健身场所。

殿镇村生态资源优越，空气清新，拥有良好的地域气候和生态环境，可将健康疗养、生态旅游、休闲度假、体育运动和文化健身等产业聚合起来，形成一条生态康养的产业链。

4）生态示范空间：绿色生态空间，生态科普空间。

殿镇村位于秦岭北麓，乡村风光宜人，生态环境良好，可结合先进生态节能技术，建成绿色生态乡村空间，逐步形成可参考、推广的生态文明建设典型。

框架式空间原型结合场地功能需求同步生成，通过景观设计手段，实现功能聚合与功能关联，在这个过程中，建筑空间与景观空间紧密结合，形成一种富有趣味的园林化空间，秦岭山脉成为借景元素。这种园林化空间在乡村的定义可以转化为游览空间，进一步转化为一种弹性使用的空间利用模式，交通空间、功能空间将有机结合，建立起一种整体的空间体验方式。

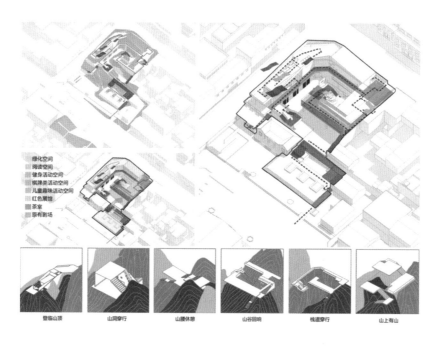

3. 策略 C "乡村 +"弹性空间

殿镇村每月有老人返乡聚餐的活动，聚餐之外是对于乡土人情的重视以及村委组织的人文关怀，活动中心可以成为老人饭后闲聊的大型会客厅、散步公园、乡土博物馆。为此，我们提出"乡村 +"的空间应用模式，以乡村会客厅、乡村公园、乡村博物馆为主体，构建一系列活动舞台，满足交谈、游玩、美育、科普宣传等多种功能需求，同时也为殿镇村以八卦锣鼓为代表的非遗活动提供表演场地，进而成为乡村文化遗产、文化活动的活态存储空间。

同时，殿镇村拥有悠久的集镇村落历史，乡村集市是一种分时聚集型商贸空间，而活动中心框架以及山行式交通系统都暗示着一种线性空间关系，因此，我们认为线性空间能够在一定程度上唤醒村落原有的集镇活动方式，并成为诸如园林、博物馆、会客厅等公共空间弹性使用模式的基础空间结构。

集市

展览

农产品集市
年节集市
相关创意集市

农产品推广展览

农业技术展览
生态理念技术
产品展览
秦岭主题展览

舞台

讲堂

村民广场舞舞台
村民才艺表演舞台
殿镇村乐队排练
舞台
一系列非正式舞台

农业实践户外课堂
手工制作户外课堂
秦岭生态保护小
课堂

客厅

公园

老乡回村活动的延
展客厅
村民日常生活待客
交流的空间
村内村外群体共享
的大客厅

安静散步休憩的绿
色边缘空间
建筑中心庭院的核
心绿地花园
可以望见南山秦岭
的屋顶花园

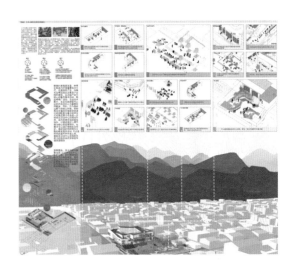

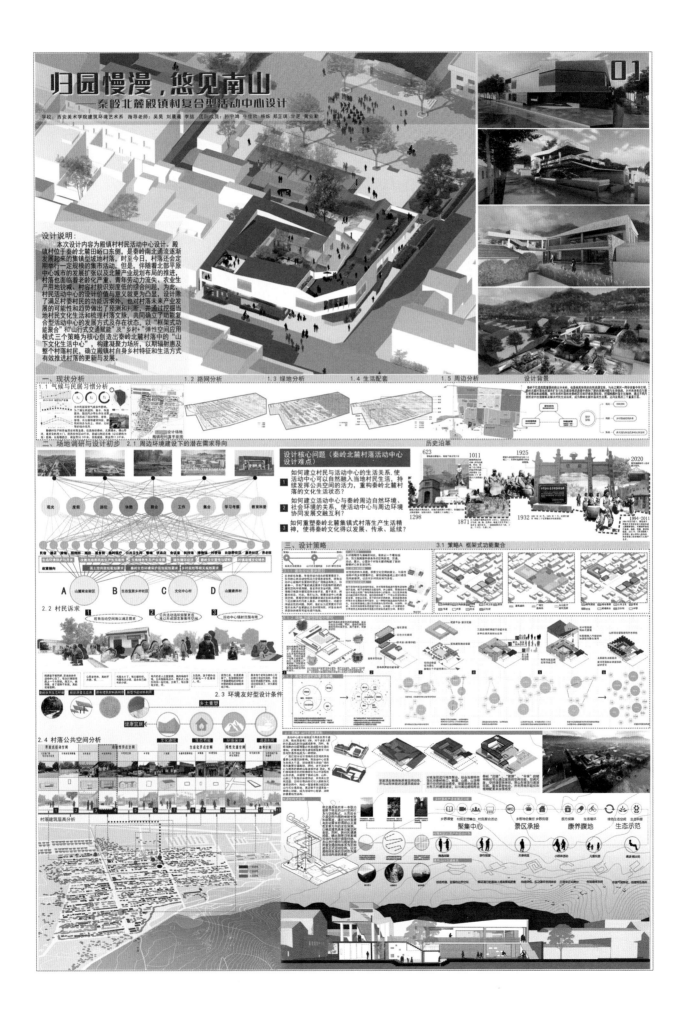

第 五 部 分

基地简介

乡村
振兴

自选基地：全国 321 个自选基地列表

▤ 基地简介

自选基地：全国 321 个自选基地列表

438 个参赛团队，选取了遍布全国 30 个省级行政区的 321 个村落基地。详情请见下列附表。

序号	基地村庄
1	安徽省安庆市桐城市大关镇龙头村
2	安徽省安庆市桐城市大关镇麻山村
3	安徽省蚌埠市禹会区秦集镇冯嘴子村
4	安徽省蚌埠市禹会区秦集镇禹会村
5	安徽省滁州市明光市石坝镇东贾村
6	安徽省阜阳市颍东区插花镇杨桥村
7	安徽省合肥市肥东县长临河镇山口凌村
8	安徽省合肥市长丰县陶楼镇新丰社区
9	安徽省合肥市长丰县杨庙镇马郢村
10	安徽省黄山市徽州区西溪南镇琶塘村
11	安徽省马鞍山市和县姥桥镇红光村
12	安徽省宣城市泾县蔡村镇月亮湾村
13	安徽省宣城市泾县榔桥镇溪头村
14	北京市房山区南窖乡大西沟村
15	北京市门头沟区军庄镇东杨坨村
16	北京市门头沟区王平镇东马各庄村
17	北京市门头沟区王平镇东石古岩村
18	北京市门头沟区王平镇韭园村
19	北京市门头沟区王平镇色树坟村
20	北京市门头沟区王平镇西马各庄村
21	北京市门头沟区王平镇西石古岩村
22	北京市密云区太师屯镇令公村
23	北京市顺义区龙湾屯镇焦庄户村
24	北京市顺义区杨镇周庄村
25	福建省福州市仓山区城门镇林浦村
26	福建省福州市仓山区盖山镇阳岐片区
27	福建省福州市福清市东张镇少林村
28	福建省福州市福清市一都镇普礼村
29	福建省福州市闽侯县南屿镇五都村

续表

序号	基地村庄
30	福建省福州市闽侯县上街镇侯官村
31	福建省福州市闽侯县上街镇厚美村
32	福建省福州市平潭综合实验区平原镇上攀村
33	福建省福州市长乐区航城街道琴江村
34	福建省宁德市福安市坂中畲族乡坑下村
35	福建省宁德市福安市潭头镇南岩村
36	福建省宁德市霞浦县长春镇长门村
37	福建省泉州市惠安县崇武镇大岞村
38	福建省泉州市晋江市东石镇湖头村
39	福建省泉州市晋江市英林镇嘉排村
40	福建省泉州市晋江市英林镇三欧村
41	福建省泉州市南安市石井镇奎霞村
42	福建省泉州市南安市英都镇良山村
43	福建省漳州市龙海区隆教畲族乡镇海村
44	福建省漳州市平和县大溪镇下村村
45	福建省漳州市平和县九峰镇黄田村
46	福建省漳州市云霄县马铺乡峰头村
47	甘肃省定西市临洮县新添镇潘家庄村
48	甘肃省定西市陇西县首阳镇李家营村
49	甘肃省定西市陇西县首阳镇水月坪村
50	甘肃省定西市渭源县会川镇罗家磨村
51	甘肃省定西市渭源县会川镇沈家滩村
52	甘肃省甘南藏族自治州迭部县益哇乡扎尕那村
53	甘肃省甘南藏族自治州卓尼县尼巴乡尼巴村
54	甘肃省甘南藏族自治州舟曲县城关镇罗家峪村
55	甘肃省庆阳市环县曲子镇西沟村
56	广东省东莞市茶山镇南社村
57	广东省东莞市石排镇塘尾村
58	广东省佛山市南海区狮山镇狮中村
59	广东省广州市从化区太平镇钱岗村
60	广东省广州市番禺区化龙镇沙亭村
61	广东省广州市番禺区石楼镇大岭村
62	广东省广州市花都区赤坭镇瑞岭村

续表

序号	基地村庄
63	广东省广州市增城区新塘镇上邵村
64	广东省江门市鹤山市古劳镇古劳村
65	广东省江门市开平市金鸡镇横冈村
66	广东省江门市新会区古井镇霞路村
67	广东省茂名市高州市分界镇储良村
68	广东省茂名市高州市分界镇飞马村
69	广东省茂名市高州市分界镇分界村
70	广东省梅州市平远县泗水镇木联村
71	广东省清远市连南瑶族自治县三排镇油岭村
72	广东省云浮市云安区镇安镇西安村
73	广东省湛江市麻章区硇洲镇北港村
74	广东省肇庆市德庆县官圩镇金林村
75	广东省肇庆市德庆县九市镇九市村
76	广东省肇庆市德庆县官圩镇四村
77	广东省肇庆市怀集县下帅壮族瑶族乡车福村
78	广西壮族自治区桂林市临桂区临桂镇大雄村
79	广西壮族自治区桂林市雁山区雁山镇枫林村
80	广西壮族自治区南宁市江南区江西镇同江村
81	广西壮族自治区南宁市西乡塘区石埠街道老口村
82	贵州省安顺市西秀区蔡官镇小屯街村
83	贵州省毕节市黔西市新仁苗族乡化屋村
84	贵州省毕节市威宁彝族回族苗族自治县板底乡曙光村
85	贵州省贵阳市花溪区麦坪镇戈寨村
86	贵州省贵阳市花溪区麦坪镇康寨村
87	贵州省贵阳市花溪区麦坪镇刘庄村
88	贵州省贵阳市乌当区百宜镇洛坝村
89	贵州省黔东南苗族侗族自治州岑巩县注溪镇衙院村
90	贵州省黔东南苗族侗族自治州锦屏县新化乡新化寨村
91	贵州省黔东南苗族侗族自治州榕江县忠诚镇乐乡村
92	贵州省黔南布依族苗族自治州荔波县黎明关水族乡板寨村
93	贵州省黔西南布依族苗族自治州贞丰县长田镇长田村
94	贵州省铜仁市德江县平原镇坳田村
95	贵州省铜仁市石阡县龙塘镇神仙庙村

续表

序号	基地村庄
96	贵州省遵义市湄潭县石莲镇沿江村
97	海南省乐东黎族自治县尖峰镇黑眉村
98	海南省乐东黎族自治县尖峰镇红湖村
99	海南省乐东黎族自治县尖峰镇岭头村
100	河北省衡水市冀州区冀州镇新庄村
101	河北省秦皇岛市青龙满族自治县七道河乡石城子村
102	河北省石家庄市井陉县南障城镇吕家村
103	河北省唐山市遵化市马兰峪镇马兰关一村
104	河南省安阳市龙安区龙泉镇张家岗村
105	河南省郑州市登封市少林街道玄天庙村
106	河南省郑州市登封市唐庄镇西沟村
107	河南省洛阳市新安县北冶镇甘泉村
108	河南省南阳市淅川县老城镇石家沟村
109	河南省平顶山市郏县茨芭镇山头赵村
110	河南省平顶山市郏县广阔天地乡大李庄村
111	河南省平顶山市郏县堂街镇临沣寨村
112	河南省平顶山市郏县渣园乡马鸿庄村
113	河南省平顶山市郏县冢头镇李渡口村
114	河南省平顶山市鲁山县梁洼镇鹁鸽吴村
115	河南省平顶山市鲁山县张官营镇前城村
116	河南省平顶山市鲁山县赵村镇闫庄村
117	河南省平顶山市新华区香山管委会
118	河南省平顶山市叶县城关乡
119	河南省濮阳市濮阳县海通乡
120	河南省濮阳市南乐县张果屯镇
121	河南省新乡市新乡县大召营镇
122	河南省信阳市商城县上石桥镇
123	河南省许昌市禹州市鸠山镇西学村
124	河南省新乡市长垣市魏庄街道大车村
125	河南省郑州市登封市少林街道杨家门村
126	河南省郑州市登封市徐庄镇何家门村
127	河南省郑州市巩义市大峪沟镇海上桥村
128	河南省郑州市巩义市夹津口镇丁沟村

续表

序号	基地村庄
129	河南省郑州市荥阳市刘河镇分水岭村
130	河南省驻马店市遂平县阳丰镇刘楼村
131	河南省驻马店市遂平县阳丰镇罗李村
132	河南省驻马店市驿城区蚁蜂镇鲁湾村
133	黑龙江省牡丹江市西安区海南朝鲜族乡南拉古村
134	黑龙江省齐齐哈尔市龙江县景星镇二龙山村
135	湖北省咸宁市赤壁市官塘驿镇葛仙山村
136	湖北省恩施土家族苗族自治州利川市毛坝镇兰田村
137	湖北省恩施土家族苗族自治州利川市毛坝镇楠木村
138	湖北省黄冈市麻城市张家畈镇黄市坳村
139	湖北省黄冈市麻城市黄土岗镇茯苓窝村
140	湖北省武汉市江夏区五里界街道群益村
141	湖北省孝感市孝南区朋兴乡朋兴村
142	湖北省宜昌市宜都市红花套镇大溪村
143	湖南省衡阳市衡阳县台源镇台九村
144	湖南省湘潭市湘潭县乌石镇乌石峰村
145	湖南省湘潭市雨湖区和平街道石码村
146	湖南省湘西土家族苗族自治州古丈县红石林镇红石林村
147	湖南省湘西土家族苗族自治州花垣县双龙镇排碧板栗村
148	湖南省益阳市安化县清塘铺镇文丰村
149	湖南省益阳市资阳区茈湖口镇刘家湖村
150	湖南省岳阳市湘阴县金龙镇燎原村
151	湖南省岳阳市平江县南江镇阜山村
152	湖南省岳阳市岳阳县月田镇月田村
153	湖南省长沙市望城区乔口镇盘龙岭村
154	湖南省长沙市望城区铜官街道书堂山村
155	吉林省吉林市桦甸市八道河子镇新开河村
156	吉林省白山市临江市花山镇珍珠门村
157	江苏省常州市溧阳市古县街道百家塘村
158	江苏省南京市溧水区和凤镇张家村
159	江苏省南京市溧水区洪蓝街道青峰村
160	江苏省南京市雨花台区板桥街道永安社区
161	江苏省南通市海安市城东镇开屏村

续表

序号	基地村庄
162	江苏省苏州市常熟市沙家浜镇芦荡村
163	江苏省苏州市吴江区七都镇开弦弓村
164	江苏省苏州市吴江区七都镇联漾村
165	江苏省苏州市吴江区七都镇光荣村
166	江苏省苏州市吴江区横扇街道太浦河村
167	江苏省苏州市吴江区松陵街道新营村
168	江苏省苏州市吴江区桃源镇前窑村
169	江苏省苏州市吴江区震泽镇金星村
170	江苏省苏州市吴中区东山镇陆巷村
171	江苏省苏州市吴中区东山镇三山村
172	江苏省苏州市吴中区金庭镇石公村
173	江苏省徐州市睢宁县沙集镇东风村
174	江苏省徐州市铜山区沿湖街道畜牧村
175	江苏省盐城市大丰区草庙镇东灶村
176	江苏省镇江市句容市边城镇青山村
177	江西省抚州市金溪县合市镇车门村
178	江西省抚州市金溪县双塘镇竹桥村
179	江西省抚州市资溪县马头山镇彭坊村
180	江西省赣州市宁都县黄石镇大洲塘村
181	江西省吉安市峡江县罗田镇峡里村
182	辽宁省大连市长海县广鹿乡柳条村
183	内蒙古自治区阿拉善盟额济纳旗巴彦陶来苏木吉日嘎郎图嘎查
184	内蒙古自治区呼和浩特市清水河县老牛湾镇老牛湾村
185	内蒙古自治区呼和浩特市新城区保合少镇恼包村
186	内蒙古自治区兴安盟科尔沁右翼前旗乌兰毛都苏木
187	宁夏回族自治区银川市灵武市梧桐树乡陶家圈村
188	贵州省黔东南苗族侗族自治州雷山县西江镇南贵村
189	青海省海东市循化撒拉族自治县查汗都斯乡红光上村
190	青海省黄南藏族自治州同仁市隆务镇吾屯上庄村
191	青海省黄南藏族自治州同仁市隆务镇吾屯下庄村
192	青海省黄南藏族自治州同仁市年都乎乡年都乎村
193	山东省滨州市惠民县清河镇杜家桥村
194	山东省济南市济阳区孙耿街道老杜村

续表

序号	基地村庄
195	山东省济南市济阳区孙耿街道于家村
196	山东省济南市历城区西营街道黄鹿泉村
197	山东省济南市市中区十六里河街道石崮村
198	山东省济南市长清区万德街道坡里庄村
199	山东省济南市长清区孝里街道方峪村
200	山东省临沂市莒南县洙边镇葛家山村
201	山东省临沂市沂南县孙祖镇宝石峪村
202	山东省临沂市沂南县铜井镇三山沟村
203	山东省青岛市黄岛区铁山街道上沟村
204	山东省青岛市即墨区金口镇凤凰村
205	山东省青岛市即墨区金口镇北阡村
206	山东省青岛市即墨区田横镇周戈庄村
207	山东省青岛市崂山区沙子口街道东麦窑村
208	山东省威海市荣成市宁津镇东楮岛村
209	山东省威海市乳山市崖子镇田家村
210	山东省潍坊市安丘市辉渠镇下涝坡村
211	山东省烟台市莱阳市姜疃镇濯村
212	山东省烟台市牟平区龙泉镇
213	山东省烟台市牟平区养马岛街道孙家疃村
214	山东省烟台市招远市蚕庄镇前孙家村
215	山东省淄博市博山区石门景区传统村落
216	山西省吕梁市临县碛口镇樊家沟村
217	山西省吕梁市柳林县王家沟乡南洼村
218	山西省阳泉市盂县苌池镇神泉村
219	陕西省安康高新区临空经济区联合村
220	陕西省咸阳市彬州市城关街道刘家湾村
221	陕西省渭南市韩城市金城街道庙后村
222	陕西省汉中市佛坪县石墩河镇金砖沟村
223	陕西省商洛市洛南县保安镇北斗村
224	陕西省商洛市洛南县保安镇庙底村
225	陕西省商洛市商南县赵川镇店坊河村
226	陕西省渭南市白水县林皋镇林皋村
227	陕西省渭南市澄城县交道镇北社村

序号	基地村庄
228	陕西省渭南市大荔县朝邑镇大寨村
229	陕西省渭南市富平县堑城文化旅游景区
230	陕西省渭南市韩城市新城街道赵村社区
231	陕西省渭南市韩城市芝阳镇清水村
232	陕西省渭南市华阴市岳庙街道双泉村
233	陕西省西安市高陵区张卜街道南郭村
234	陕西省西安市高新区东大街道北大村
235	陕西省西安市延川县关庄镇甄家湾村
236	陕西省西安市蓝田县汤峪镇汤峪河村
237	陕西省西安市长安区子午镇杜角镇村
238	陕西省西安市周至县集贤镇大曲村
239	陕西省西安市周至县集贤镇殿镇村
240	陕西省西安市周至县集贤镇赵代村
241	陕西省咸阳市礼泉县烟霞镇官厅村
242	陕西省咸阳市三原县新兴镇柏社村
243	陕西省延安市宝塔区凤凰山街道文二村
244	陕西省延安市延长县安沟镇阿青村
245	上海市宝山区顾村镇沈杨村
246	上海市崇明区建设镇虹桥村
247	上海市崇明区建设镇浜东村
248	上海市崇明区堡镇四滧村
249	上海市嘉定区安亭镇星塔村
250	四川省阿坝藏族羌族自治州茂县黑虎镇黑虎羌寨
251	四川省巴中市通江县泥溪乡梨园坝村
252	四川省成都市都江堰市龙池镇飞虹社区
253	四川省成都市都江堰市天马镇金胜社区
254	四川省成都市都江堰市天马镇匡家社区
255	四川省成都市简阳市草池镇平泉村
256	四川省成都市简阳市平泉街道荷桥村
257	四川省成都市郫都区友爱镇青冈村
258	四川省达州市大竹县乌木镇广子村
259	四川省达州市大竹县乌木镇乌木村
260	四川省甘孜藏族自治州康定市甲根坝镇日头村

续表

序号	基地村庄
261	四川省凉山彝族自治州木里藏族自治县俄亚纳西族乡俄亚大村
262	四川省眉山市青神县汉阳镇新路村
263	四川省绵阳市游仙区沉抗镇沉香社区
264	四川省绵阳市游仙区魏城镇鱼泉村
265	四川省内江市威远县向义镇静宁古村
266	四川省攀枝花市米易县麻陇彝族乡中心村
267	江苏省苏州市吴江区黎里镇杨文头村
268	陕西省西安市长安区炮里乡伯坊村
269	西藏自治区拉萨市尼木县吞巴乡吞达村
270	新疆维吾尔自治区阿拉尔市托喀依乡二队
271	新疆生产建设兵团第四师可克达拉市六十九团十二连连队
272	新疆维吾尔自治区喀什地区疏勒县塔孜洪乡克然木兰村
273	云南省保山市施甸县木老元乡哈寨村
274	云南省德宏傣族景颇族自治州芒市芒市镇松树寨村
275	云南省红河哈尼族彝族自治州元阳县新街镇阿者科村
276	云南省昆明市呈贡区大渔街道海晏村
277	云南省昆明市东川区红土地镇花沟村
278	云南省昆明市富民县赤鹫镇平地村
279	云南省昆明市富民县东村镇乐在村
280	云南省昆明市晋宁区双河彝族乡双河营村
281	云南省昆明市西山区团结镇乐居村
282	云南省玉溪市澄江市海口镇啰哩山村
283	浙江省杭州市临安区青山湖街道青南村
284	浙江省杭州市富阳区常绿镇双溪村
285	浙江省杭州市富阳区洞桥镇贤德村
286	浙江省杭州市富阳区新桐乡春渚村
287	浙江省杭州市临安区昌化镇后营村
288	浙江省杭州市临安区青山湖街道洪村
289	浙江省杭州市余杭区瓶窑镇南山村
290	浙江省湖州市德清县新市镇宋市村
291	浙江省衢州市江山市虎山街道何家山村
292	浙江省金华市永康市象珠镇柳墅村
293	浙江省金华市永康市芝英镇芝英村

续表

序号	基地村庄
294	浙江省丽水市龙泉市兰巨乡官浦垟村
295	浙江省丽水市青田县祯旺乡吴畲村
296	浙江省丽水市松阳县大东坝镇黄南村
297	浙江省丽水市遂昌县高坪乡箍桶丘村
298	浙江省丽水市遂昌县高坪乡圣塘村
299	浙江省宁波市奉化区大堰镇董家村
300	浙江省宁波市奉化区裘村镇马头村
301	浙江省宁波市宁海县深甽镇龙宫村
302	浙江省宁波市象山县石浦镇东门村
303	浙江省宁波市鄞州区东吴镇童一村
304	浙江省衢州市龙游县龙洲街道大板桥村
305	浙江省衢州市龙游县龙洲街道后田铺村
306	浙江省绍兴市上虞区长塘镇桃园村
307	浙江省绍兴市新昌县镜岭镇西坑村
308	浙江省绍兴市越城区孙端街道村头村
309	浙江省台州市黄岩区高桥街道下浦郑村
310	浙江省台州市椒江区大陈镇梅花湾村
311	浙江省台州市仙居县淡竹乡下叶村
312	浙江省温州市瓯海区郭溪街道梅园村
313	浙江省温州市文成县珊溪镇坦岐村
314	重庆市巴南区龙洲湾街道红炉村
315	重庆市开州区丰乐街道黄陵村
316	重庆市彭水苗族土家族自治县鞍子镇罗家坨村
317	重庆市石柱土家族自治县悦崃镇新城村
318	重庆市铜梁区巴川街道八一路社区
319	重庆市永川区南大街街道黄瓜山村
320	重庆市酉阳土家族苗族自治县花田乡何家岩村
321	重庆市长寿区长寿湖镇紫竹村

后记

为了促进广大师生走出校园，积极参与乡村社会实践，在全国范围内加快推动乡村规划实践教学，通过搭建高校教学经验交流平台，提高城乡规划专业面向社会需求的人才培养能力。自 2017 年起，中国城市规划学会乡村规划与建设学术委员会（以下简称乡村委）坚持举办全国高等院校大学生乡村规划方案竞赛，至今已经成功举办五届，已经累计吸引超过 2 万余名师生参与该项活动，活动涉及全国 31 个省份的约 500 个村庄。

本届活动通过与高校城乡规划帮扶联盟合作，并联合长安大学建筑学院、北京建筑大学建筑与城市规划学院、南京大学建筑与城市规划学院，共同选定三处指定基地，分别为陕西省西安市周至县集贤镇（长安大学建筑学院承办）、北京市密云区太师屯镇令公村（北京建筑大学建筑与城市规划学院承办）、江苏省常州市溧阳市戴埠镇（南京大学建筑与城市规划学院承办）。然而根据活动计划，正式开展集中调研活动前夕，全国多地突发疫情，活动组委会经过审慎考虑，最终取消指定基地的全部活动，本届活动的参与方式全部改为自选基地，且自选基地由各参与团队自行决定。最终，在上海和陕西西安，线下和线上协同举办竞赛评优活动，并在西安召开了全国评优点评暨乡村委年会，仍取得了全国范围内的影响。

本届活动维持了上一届的活动内容基础上，在城乡规划学科强项的乡村规划方案竞赛单元的基础上，还设有乡村调研报告和乡村设计方案两个竞赛单元。一方面是为了加强实践教学的导向，引导学生更加注重对乡村问题的调研，以及对现阶段乡村人居环境改善实际问题的关注。另一方面，积极吸纳建筑学、社会学、人类学、环境学等相关专业学生共同参与，推动在乡村规划实践教学环节的多学科交叉融合。

2021 年 6 月，本届活动一经推出，再次在全国范围内引起了热烈响应，共有 711 个团队共同参与，共涉及 158 所高校（含 1 所境外高校）、177 个学院的学生 3595 人、教师 1607 人次。

虽然期间因疫情管控等原因经历了指定基地取消，评审方式变动等困难，2021年11月截止收取作品时，三个活动单元仍收到438份作品，涉及来自120所高校134个学院的学生2335人次和教师1032人次。

根据赛制，经组委会组织评优会评选出116个奖项，其中乡村规划方案单元62个，一等奖2个、二等奖7个、三等奖8个、优胜奖12个、佳作奖30个、单项奖3个；乡村调研报告单元30个，一等奖1个、二等奖2个、三等奖3个、优胜奖4个、佳作奖20个；乡村设计方案单元24个，一等奖1个、二等奖2个、三等奖3个、优胜奖3个、佳作奖15个。作品共涉及30个省／自治区／直辖市，126个地级市／自治州，233个区／县，286个乡／镇，321个村。

图书在版编目（CIP）数据

乡村振兴. 2021年全国高等院校大学生乡村规划方案
竞赛优秀成果集 / 中国城市规划学会乡村规划与建设学
术委员会等主编. — 北京：中国建筑工业出版社，
2023.12
（中国城市规划学会学术成果）
ISBN 978-7-112-29533-3

Ⅰ. ①乡… Ⅱ. ①中… Ⅲ. ①乡村规划–作品集–中
国–现代 Ⅳ. ①TU982.29

中国国家版本馆CIP数据核字（2023）第251532号

　　本书为2021年全国高等院校大学生乡村规划方案竞赛的优秀成果汇编，主要内容包括：竞赛组织情况、乡村规划方案竞赛单元、乡村调研报告竞赛单元、乡村设计方案竞赛单元、基地简介五部分内容。本书收录了来自国内外多所院校的参赛作品，内容丰富，对探索乡村振兴实践并指导乡村规划教学有很强的现实意义。
　　本书可供全国高校城乡规划及相关专业的教师及学生使用，也可供城乡规划及相关行业从业人员参考。

责任编辑：杨　虹　尤凯曦
文字编辑：马永伟
书籍设计：李永晶
责任校对：张　颖

中国城市规划学会学术成果

乡村振兴

——2021年全国高等院校大学生乡村规划方案竞赛优秀成果集
中国城市规划学会乡村规划与建设学术委员会
长安大学建筑学院
北京建筑大学建筑与城市规划学院　　　　　　　　主编
南京大学建筑与城市规划学院

*

中国建筑工业出版社出版、发行（北京海淀三里河路9号）
各地新华书店、建筑书店经销
北京雅盈中佳图文设计公司制版
天津裕同印刷有限公司印刷

*

开本：880毫米×1230毫米　1/16　印张：18¾　字数：374千字
2023年12月第一版　　2023年12月第一次印刷
定价：**178.00**元
ISBN 978-7-112-29533-3
　　　　　（42286）